巷道围岩峰后大变形过程的稳定性特征及锚固控制机理

牛少卿　著

北　京
冶　金　工　业　出　版　社
2025

内 容 提 要

本书主要介绍了深部煤矿开采中巷道围岩的变形特性与支护机理，重点探讨了围岩在峰后大变形阶段的力学行为和支护设计。全书基于室内试验、现场观测、数值模拟及理论分析，系统分析了不同围岩条件下巷道围岩的应力、变形与稳定性特征，提出了适应不同围岩结构和变形阶段的支护原理和方法。此外，书中特别介绍了层状围岩、裂隙围岩和破碎围岩等复杂条件下锚杆对围岩的支护效果与机理，揭示了锚杆支护在不同结构状态下的适应性与作用机制。

本书适合从事矿业工程、地下工程设计与施工领域的科研人员和工程技术人员阅读，也可供高等院校相关专业师生参考。

图书在版编目（CIP）数据

巷道围岩峰后大变形过程的稳定性特征及锚固控制机理／牛少卿著. -- 北京：冶金工业出版社，2025. 5.

ISBN 978-7-5240-0248-2

Ⅰ. TD353

中国国家版本馆 CIP 数据核字第 2025KJ1367 号

巷道围岩峰后大变形过程的稳定性特征及锚固控制机理

出版发行	冶金工业出版社	**电　　话**	(010)64027926
地　　址	北京市东城区嵩祝院北巷 39 号	**邮　　编**	100009
网　　址	www. mip1953. com	**电子信箱**	service@ mip1953. com

责任编辑　王梦梦　美术编辑　彭子赫　版式设计　郑小利

责任校对　梁江凤　责任印制　禹　蕊

北京印刷集团有限责任公司印刷

2025 年 5 月第 1 版，2025 年 5 月第 1 次印刷

710mm×1000mm　1/16；10. 75 印张；207 千字；161 页

定价 80. 00 元

投稿电话　(010)64027932　投稿信箱　tougao@cnmip. com. cn

营销中心电话　(010)64044283

冶金工业出版社天猫旗舰店　yjgycbs. tmall. com

（本书如有印装质量问题，本社营销中心负责退换）

前　　言

煤矿巷道是地下采矿活动的重要通道，其围岩的稳定性是确保安全生产和延长巷道使用寿命的关键。随着煤矿资源的逐渐深部化，巷道围岩在复杂地应力条件下表现出显著的峰后大变形特征，这一现象不仅增加了支护设计与实施的难度，也对围岩控制理论提出了新的挑战。

本书在这种背景下应运而生，其目的是为破解巷道围岩峰后大变形的科学与工程难题提供理论依据和技术支持。本书以系统的科学试验和扎实的理论分析为基础，综合运用现场观测、物理模拟、数值模拟和理论推导等多种研究手段，全面揭示了巷道围岩在峰后大变形过程中的力学行为特征及其与支护作用的相互关系。本书不仅提出了巷道围岩-支护平衡特性的分类与演化规律，还从理论与实践相结合的角度，创新性地构建了围岩峰后全过程强度特性及其本构模型，并将其成功应用于实际工程支护设计中。这些成果为复杂围岩条件下的巷道支护设计和施工提供了重要参考。

本书内容结构严谨，逻辑清晰，既注重基础理论的阐述，又关注工程实践的应用。本书不仅可为从事岩体力学与巷道工程研究的学者与工程技术人员提供参考，也可为高等院校相关专业师生提供借鉴。

本书的撰写得益于笔者团队长期从事煤矿巷道围岩控制研究所积累的丰富经验，此外还参考了相关文献资料，在此对笔者团队成员及文献资料作者一并表示感谢。同时本书相关研究工作也得到了国家自然科学基金项目的资助，在此表示感谢。

由于作者水平所限，书中不妥之处，欢迎读者批评指正。

牛少卿

2024年12月

目　录

1　绪　　论

1.1　巷道围岩控制的背景与发展趋势

随着煤炭资源开采规模的持续扩大，开采深度也在逐步增加。深部开采条件下，巷道围岩因高地应力环境的作用，表现出工程强度低、易破碎等显著特征。这种复杂条件往往导致工作面漏顶、煤壁片帮、煤与瓦斯突出及巷道围岩垮塌失稳等安全问题的频发，这对煤矿的安全开采形成了严重制约[1-3]。因此，解决深部开采条件下的围岩稳定性问题，已成为保障煤炭供应和矿区安全的关键任务之一。

作为煤矿生产的核心通道，巷道担负着运输、通风和人员通行的重要功能，其稳定性直接关系到煤矿能否正常运作。在深部开采环境中，巷道围岩受高地应力和强扰动影响，呈现软弱或脆弱的工程特征，几乎完全处于强度峰值之后的变形阶段。这一阶段的围岩不仅破碎程度高，而且破坏形式复杂多样，给巷道支护设计与施工带来了极大的挑战。为应对这一问题，探索深部巷道围岩峰后大变形的稳定性控制原理与有效支护方法，已成为当前矿山工程领域的迫切需求。

巷道围岩的稳定性由围岩应力场特征、围岩结构特征和围岩控制对策三大要素决定。近年来，随着试验设备性能的不断提升，特别是刚性试验机和三轴试验机的广泛应用，研究者对围岩材料的力学行为及其变形特性有了更为全面的认识。同时，各类强度理论的提出，为深入理解围岩在不同条件下的强度特征提供了理论支持。结合理论分析、现场实测、模拟实验和数值计算等多种手段，人们对采掘工序引起的应力场和位移场变化规律进行了系统研究，取得了大量有益的成果。这些研究为巷道围岩的有效控制奠定了坚实的基础。此外，支护-围岩共同作用原理的提出，更是极大地推动了围岩控制技术和理论的飞跃发展。

随着围岩控制技术的不断进步，巷道围岩控制理论也逐步完善并日益丰富。总体来看，这些研究成果主要集中在以下两个方面：

（1）对巷道矿压特征的认识逐步接近实际工况，进一步深化了对围岩应力演化和结构特征的理解；

（2）对峰值强度之前阶段巷道围岩与支护相互作用规律的掌握日趋精准，为科学设计和优化巷道支护提供了重要依据。

1.2 深部开采对巷道支护技术的挑战与机遇

围岩-支护共同作用原理是进行巷道围岩控制的理论依据，目前在此领域已被公认的是巷道围岩在峰值强度之前其位移与支护力成反变关系的结论[2,4]。然而，煤矿许多巷道在布置及岩性选择方面存在一定的局限性，而且在其服务期间还要受到掘进、回采等多重生产工序的扰动，围岩大多要经历弹塑性—破裂—破碎—松动等状态的复杂大变形过程，有些巷道围岩从掘进开始就已经处于峰后状态，可见大变形巷道围岩的控制是一个包含围岩峰值强度后阶段的复杂过程，要实现对围岩的有效控制，必须正确认识围岩在不同变形状态及不同支护条件下形成稳定结构的力学机制。显然，围岩峰前的支护力与位移成反变关系的理论已不能满足指导包含峰后大变形巷道围岩控制全过程的需要[2]。

然而，围岩处于峰后的变形破坏是一个复杂的过程，其稳定性控制尚处于研究阶段，存在许多难以解决的理论问题，相对可以借鉴的成果较少，这给研究工作带来了非常大的困难，其主要表现在以下几个方面。

（1）巷道围岩结构特征的特殊性。在高地应力的作用下，巷道围岩表现为软弱特性或者脆弱特性，巷道形成后围岩较为破碎，其变形状态从连续体的弹性、塑性到非连续体的破裂、破碎乃至散体，由于巷道围岩处于密闭的形体之中，判别巷道在变形过程中围岩的结构特征目前尚无可行的有效途径。

（2）巷道围岩力学特性的不确定性。围岩随着变形的增大其结构特征逐渐发生改变，连续体、破裂体和散体力学特性的描述和评价并不相同，其本构特性表现各异。目前对于巷道围岩在连续介质状态下处于弹塑性状态的认识逐渐趋于成熟，然而对于围岩由连续体介质演变为破裂体乃至散体过程中力学性质的演化特征认识还不完善，如何描述涵盖岩体弹性—塑性—破裂—破碎—散体整个过程的力学行为成为难题。

（3）巷道围岩-支护作用的非线性。巷道围岩-支护相互作用规律目前公认的是 Kastner 方程，其围岩支护-位移曲线为光滑单调减函数，只能涵盖巷道围岩处于弹性和塑性状态下围岩与支护的相互作用特征，对于峰后围岩表现出来破裂、破碎的阶段并未涉及。由于峰后围岩结构特征表现为非连续体，其随着变形的增加也势必呈现非线性特征，目前并无研究成果可以借鉴，如何获得围岩结构演化过程中围岩与支护作用特征与机理颇具挑战。

（4）巷道围岩合理支护的阶段性。巷道围岩在变形过程中其结构特征和力学特性一直在发生变化，不同的变形阶段其最佳支护机理、方案和手段并不相同，针对巷道不同变形阶段选择合理支护时机和手段至关重要，目前巷道支护研究并未就巷道变形阶段的不同给出完善的支护理论，大多给出巷道稳定性不满足要求时采用的各种加强支护的措施，其理论性和科学性尚显不足，也是难以解决的科学问题之一。

基于上述问题，本书以试验为基础，系统揭示岩体峰后的变形与强度特征，探索能够合理描述岩体峰后力学特性的方法。在传统数学力学理论分析的基础上，结合现场实测、物理模拟和数值计算等手段，对巷道围岩与支护相互作用的全过程进行研究，揭示其一般规律，构建涵盖巷道围岩峰后变形全过程的围岩与支护相互作用平衡理论。同时，提出包含峰后大变形阶段的稳定性控制对策，为完善煤矿大变形巷道支护理论体系提供理论支持与实践指导。

1.3 相关理论与技术研究现状

巷道围岩峰后大变形过程中的稳定性特征及控制原理研究内容主要包括巷道变形过程中围岩的物性演化过程、力学特性特征、围岩的失稳机理、围岩-支护相互作用规律、控制机理及方法。近年来，国内外学者和专家在这方面做了许多有意义的研究工作，并且从不同角度取得了许多研究成果，其详述如下。

1.3.1 岩石力学特性与变形规律

巷道位于地下岩体之中，巷道稳定性的分析离不开岩石力学理论的支持。岩石力学作为一门独立学科，其发展起源于金属材料力学的研究成果。随着对岩石材料力学行为的深入研究，岩石力学逐渐发展为一门综合性学科，并得到了广泛的应用。岩石作为天然介质，具有极其复杂的内部结构，岩体中节理、孔隙的分布呈现出无规律的随机性，其整体结构可以是似连续体的，也可以是裂隙体、块体、颗粒胶结体甚至散体等形式。这些不同的结构形式使岩石在作为工程载体时，表现出极为多样化的力学性质，在服务期内可能呈现弹性、塑性、破裂、破碎、松动等不同的变形状态[5-6]。因此，深入理解岩石的力学行为，是研究岩体工程特性的必要前提。

岩石材料具有显著的非均匀性，岩石的力学性质在不同应力条件下展现出离散性和多样性。岩石的单轴压缩试验结果表明，其应力-应变关系具有显著的离散性，且随着岩石的结构和成分的变化，其强度和刚度表现出很大的不确定性。岩石力学的理论框架最初来源于弹塑性力学，许多早期的岩石力学试验仍然沿用了弹塑性力学的理论基础。然而，弹塑性理论的前提假设是材料的均质性，而岩石材料的非均质性、内在裂隙和孔隙的随机分布，使得岩石在力学表现上出现显著的尺度效应和不等质性[7-8]。因此，单轴压缩试验得到的岩石强度和变形特征仅能反映岩石在单向应力作用下破坏前的力学特性，且通常表现为脆性突发性破坏。出现这一现象的主要原因之一是试验机的刚度较小，试件破坏时，试验机内储存的弹性能在瞬间释放，从而引发试件的猛烈破坏[9]。因此，只有当试验机的刚度远大于岩石试件的刚度时，才能有效避免这种突发性破坏现象，并记录下试件破坏瞬间的载荷-位移特性。

随着岩石力学试验设备的不断发展，人们对岩石力学特性的理解也不断深化。早期，研究者普遍认为岩石峰值强度瞬间的猛烈失稳是岩石材料的固有特性，直到 1935 年，Speath 在铸铁材料的塑性变形试验中发现，试验机刚度低于试件刚度时会导致试件的瞬间破坏，这一发现引发了对试验机刚度对破坏过程影响的广泛关注[9-11]。1938 年，Kiendl 和 Maldari 通过试验首次测定了混凝土试件峰值强度后的应力特性，并解释了试件破坏的主要原因在于试验机刚度不足，试验机内部储存了过多的弹性应变能[12-15]。1965 年，Cook 通过在试验机中增加钢柱来提高刚度，从而显著减少了试件破坏的剧烈程度，并得到了一条涵盖峰后变形特征的应力-应变曲线[16-19]。1969 年，Bieniawski、Wawersik 和 Fairhurst 进一步研究了岩石的峰后破坏特征，尽管由于当时刚性试验机的局限性，加载变量无法控制，这一研究仍为岩石力学的发展作出了重要贡献[20]。随着电液伺服刚性试验机的出现，这一问题得到了有效解决，电液伺服试验机能够通过精确控制加载速率、位移、应变和载荷等变量，全面测量岩石在压缩过程中的应力-应变曲线，为研究者提供了对岩石压缩变形破坏特性更为深入的理解。

然而，在实际工程中，岩石的变形和破坏往往与试验条件存在较大差异。岩石的加载和卸载过程不仅仅局限于试验机中进行的理想实验，而是受多重因素的综合影响。1987 年，我国东北大学的唐春安教授提出，岩石在任何加载和卸载条件下都具有完整的应力-应变曲线，并通过高频响应位移传感器在试验机上进行了验证[21]。这一研究为岩石在不同条件下的力学特性提供了新的理论支持。

自 1911 年 Von. Karman 首次采用三轴压缩试验以来，三轴压缩试验一直被视为研究岩石力学性质的重要手段，并成为岩石强度理论建立的重要依据[22-25]。在地下岩体工程中，岩体在未形成工程空间之前通常处于三向受压的应力状态，随着工程空间的开挖，围岩的应力状态逐渐由三向受压演变为近二向受压乃至单向受压。因此，三轴压缩试验的研究对于理解岩石在地下结构中的变形与破坏行为具有重要意义[26-28]。

对岩体峰后特性的研究已持续多年，重复加卸载试验研究表明，岩石全程应力-应变曲线呈现回滞环，且回滞环的平均斜率随应力循环的增加逐渐减小[29]。1997 年，Hoke 将岩石三轴压缩全程应力-应变曲线分为三类，并假设岩石的峰值强度为围压的函数，进一步估算了岩石压缩过程中的全程应力-应变曲线。随着研究的深入，对岩石这种脆性材料峰后力学特性的研究取得了显著进展，尤其在岩石峰后破坏机制和应力-应变曲线的完整性方面，已为进一步的工程应用提供了宝贵的理论依据[30]。

1.3.2 岩体强度理论与本构模型发展

对于大变形巷道围岩，岩体的峰后特性是影响巷道稳定性的关键因素之一。岩体峰后特性的研究首先源于岩石强度理论的探讨。岩石强度理论是岩石力学研究中的核心问题之一，其主要目的是揭示不同应力状态下岩石的强度极限规律与机理。

岩石强度理论的提出可以追溯到意大利科学家伽利略（Galilei）在 1638 年于《两种新的科学》一书中首次提出的最大正应力理论，后来该理论被修正为最大拉应力理论。岩石本构特性的研究历史可追溯至更早的霍克定律（Hooke's Law）[31-33]，而早期的研究通常借鉴金属材料的理论。然而，学者们很快发现，岩石作为一种天然材料，其内部含有大量裂隙和孔隙，且具有抗拉性能远低于抗压性能的特点，静水压力对岩石破坏的影响也非常显著。因此，传统的金属材料强度理论（如 Tresca 屈服准则和 Mises 准则）未能准确反映岩石破坏的规律[34]。1773 年，C. A. Coulomb 提出了摩擦准则，认为岩石破坏是由剪切引起的，岩石的强度是由抗剪黏聚力与剪切面摩擦力之和决定的，这为岩石强度理论的发展奠定了基础[7]。

1900 年，德国科学家莫尔（Mohr）在 Coulomb 准则的基础上提出了 Mohr-Coulomb 强度准则，这一准则至今仍是国际岩石力学界应用最为广泛和便捷的岩石强度准则之一。Mohr-Coulomb 准则认为，岩石的强度是应力的函数，当岩石材料达到强度极限时，破坏面上的剪应力达到一个与破坏面上正应力相关的临界值。尽管该理论能够较全面地反映岩石材料剪切破坏的特征，但其不足之处在于未能考虑三向应力状态下中间主应力对岩石破坏的影响，且无法解释岩石材料在受拉状态下的破坏特性[35-37]。1920 年，英国科学家格里菲斯（Griffith）基于断裂力学提出了 Griffith 强度理论，该理论认为脆性材料的破坏是内部微裂纹的扩展和贯通所致，从而推动了断裂力学的快速发展。Griffith 理论为岩体材料的强度理论提供了新的视角，强调了裂纹的产生与扩展过程。然而，后来的研究表明，Griffith 理论更适用于描述岩石的损伤增长起始，而非完整的破坏过程[38-39]。

1952 年，著名科学家德鲁克（Drucker）和普拉格（Prager）提出了 Drucker-Prager 强度准则，该准则考虑了中间主应力和静水压力对岩石破坏的影响，并且具有标准的数学表达式，克服了 Mohr-Coulomb 准则未能考虑中间主应力和静水压力的局限性，因此在国际岩石力学界得到了广泛应用。然而，Drucker-Prager 准则依然是一种三剪强度理论，未能反映岩石材料的各向异性特征，且其分析结果与岩石力学试验结果往往不完全吻合[40-41]。

20 世纪 60—70 年代，许多学者提出了适用于不同工程条件的岩石强度准则，这些大多为经验型强度准则[35]。1980 年，国际知名岩石力学家霍克（Hoek）与布朗（Brown）提出了 Hoek-Brown 强度准则，该准则能够描述完整岩石材料的破坏规律，并考虑了岩体存在弱面的情况，较为符合实际工程的需求，因而被广泛应用于岩石工程实践中[42-45]。在中国，西安交通大学的俞茂宏教授于 1961 年提出了基于正交八面体单元体的双剪强度理论，并于 1983 年提出了广义双剪强度理论，1991 年进一步提出了通用于各种材料的双剪统一强度理论，并认为现有的所有强度理论均为该理论的特例[46-49]。

岩石本构模型的研究方法主要分为唯象学方法与物理力学机制方法两类[50]。唯象学方法侧重于描述岩石材料表现出来的现象，而不探讨其产生的机理。此类方法包括弹性本构关系、塑性本构关系、流变本构关系和损伤本构关系等。物理力学机制方法则更侧重于从微观力学机制的角度解释岩石的力学行为，其本构模型通常基于分布式断裂力学原理。

近年来，国内外学者通过实验和理论分析，对岩石本构模型进行了大量研究，提出了多种创新性的本构模型。例如，卢允德等人[51-52]基于大理石三轴压缩试验，提出了双线性弹性、线性软化和残余理想塑性模型，并建立了相应的本构方程。曾晟等人[53]提出了能够反映岩石单轴压缩残余强度的损伤统计本构模型。杨璐等人[54]将现有的非局部本构理论模型归纳为面积加权平均的非局部非弹性模型和梯度依赖的非局部模型。谢守益等人[55]基于 Gurson 屈服准则，建立了白垩岩的塑性压缩本构模型。戴永浩等人[56]从多孔介质角度出发，建立了基于 DP 模型的多孔介质非饱和弹塑性损伤力学模型。陈蕴生等人[57]在分析试验结果的基础上推导了单轴压缩条件下非贯通裂隙介质的损伤本构方程，并通过与试验结果的对比进行了验证。

此外，陈景涛等人[58-59]通过真三轴压缩试验，模拟了开挖时岩体的应力路径演化，研究了高应力下的拉西瓦花岗岩的本构特性。许江等人[60]则通过引入岩石峰值强度和峰值应变的方法，解决了损伤本构模型中 Weibull 分布参数取值难题，建立了完整的损伤本构模型。陈敬虞等人[61]基于热力学原理和内变量理论，提出了一种新的岩土弹塑性本构关系。曹文贵等人[62-63]结合统计损伤理论，利用岩石微元强度分布的正态分布特征，建立了能够反映不同围压下的统一应变软/硬化损伤模型。韦立德等人[64]基于连续损伤介质力学理论，结合细观力学的 Eshelby 等效夹杂方法，推导了考虑损伤与无损伤岩石塑性变形耦合的弹塑性损伤本构关系。江权等人[65-67]提出了考虑高地应力硬岩劣化的硬岩本构模型。张平等人[68]将岩石破坏过程的细观特征与宏观力学特性相结合，建立了岩石局部化渐进破损本构模型。陈卫忠等人[69]在盐岩试验的基础上利用损伤力学和岩石流变学理论提出了盐岩的非线性蠕变损伤模型。

总的来说，岩石强度理论与本构模型的研究已取得了显著进展，当前的研究方向不仅着眼于理论模型的创新，还注重将实验结果与数值模拟相结合，以便更准确地预测和解释岩体在复杂工况下的力学行为。这些研究成果为大变形巷道围岩的稳定性分析与支护设计提供了重要的理论依据和技术支持。

1.3.3　围岩-支护平衡理论与应用

巷道在开挖之前工程岩体处于自重和构造作用下的原始应力场中，为一稳定平衡态，随着工程的开挖巷道围岩表面的约束被解除，原来的平衡状态被打破，围岩应力重新分布形成二次应力场。在此期间巷道围岩发生向巷道内的位移，若地应力小、岩体强度高、完整性好、断面形状有利，则围岩变形到达一定程度时将处于稳定的平衡状态，反之巷道围岩持续变形，并最终导致巷道失稳破坏。为了防止巷道的失稳需要安装支护结构约束围岩的变形和过量位移。如果在巷道掘进头后紧跟支护，随着掘进头的远离围岩变形增大，围岩-支护将形成一个作用与反作用体系来维持巷道稳定。

典型巷道围岩-支护相互作用关系曲线如图 1-1 所示[70]。

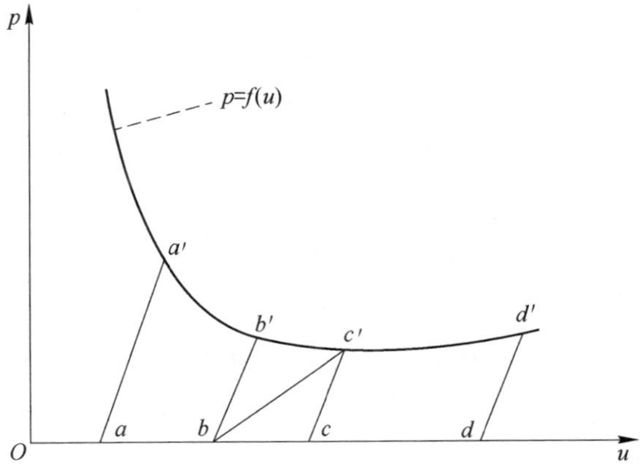

图 1-1　典型巷道围岩-支护相互作用关系曲线

图 1-1 中 $p=f(u)$ 为巷道围岩特性曲线，表明巷道开挖后限定围岩变形所需支护力随着位移的增大逐渐减小后趋于平稳，但变形继续增大，当变形量达到一定程度时所需支护力逐渐增大，直线段 aa'、bb'、bc'、cc'、dd' 为支护结构特性曲线，假设其支护力与变形关系为线性，随着巷道位移的增大支护结构变形量逐渐增大直至维持巷道围岩平衡。围岩与支护的相互作用特性表明支护的安装时机、刚度、强度都是影响围岩稳定性的重要因素，适当地延缓支护构件安装时间可以使围岩发生适度的变形，充分发挥围岩的承载能力，降低围岩稳定性对支护力的要求，支护过晚会导致围岩变形过度，造成围岩体过度损伤而承载能力减弱，以至于维持围岩稳定需要更大的支护力。

关于巷道围岩-支护平衡特性与机理的研究早已开始，Hoke 基于 Kastner 方程给出了巷道围岩在变形过程中弹性、塑性阶段的位移与支护力关系，并给出弹、塑性转换点支护力和围岩变形的计算公式[71]。中国矿业大学侯公羽教授[72-74]通过研究认为巷道围岩的弹塑性变形在巷道开挖瞬间就已完成，并指出 Kastner 方程所述条件在实际巷道支护中并不存在。贺军基于围岩松动圈理论分析了巷道支护的时机。2001 年太原理工大学杨双锁教授[1-2]通过研究回采巷道围岩-支护作用的规律提出了回采巷道围岩-支护平衡规律具有波动性特征，并指出波动性特征出现在围岩破坏后块体之间相互挤压、摩擦、重新形成平衡结构到失稳的反复过程中。

孙闯等人[75]通过数值计算研究深部断层破碎带竖井围岩与支护系统的关系，得到了井筒围岩支护力与围岩变形的规律，并指出 Hoek-Brown 强度准则能够较为真实地反映深部破碎岩体的非线性力学特性。北京交通大学王秀英等人[76]通过研究高水位隧道堵水限排围岩与支护的相互作用，认为不同排量下围岩特性曲线不同，支护阻力也不相同，不同排水条件下围岩的有效切向应力和有效径向应力变化明显，排水对围岩应力及支护体系受力的影响不容忽视。夏才初等人[77-78]通过理论研究给出了融化作用下多年冻土隧道围岩的弹塑性解，并分析了其围岩-支护的相互作用。刘保国等人[79]给出了圆形洞室围岩与支护相互作用的黏弹性解。汤雷等人[80]研究了不同锚杆支护下支护与围岩共同承载的协调性，得出了全长锚固锚杆与围岩的协调性优于其他锚固形式的结论。关宝树[81]以单线铁路隧道为例分析围岩变形与支护力的关系，给出了不同级别围岩的支护特性曲线，并指出支护过晚会造成错失最佳支护时机、后期所需支护力变大。万志军等人[82]通过理论分析给出了巷道支架与围岩相互作用的流变模型。乔伟[83-84]分析了连续介质洞室衬砌与围岩相互作用机理，并且计算出了圆形断面水平巷道衬砌与围岩相互作用的接触应力。

1.3.4　巷道围岩控制与支护技术创新

巷道围岩控制是井工开采与生俱来的问题，20 世纪初 A. Haim、W. J. M. Rakine 和 A. H. ИИК 等人提出了古典压力学说，认为支护结构所受的压力为上覆岩层的自重 γH[85]。随着矿井开挖深度的不断增加，人们逐渐发现古典压力理论存在很多不足。K. Terzaghi 和 M. M. ПРОТоbЯКОНОВ 于 20 世纪 60 年代提出了冒落拱理论[86]，该理论认为：围岩开挖后会自然形成一个冒落拱，作用在支架上的压力等于冒落拱内岩石的重量，这仅是上覆岩石重量的一部分。M. M. ПРОТоbЯКОНОВ 认为冒落拱的形状是抛物线形，而 K. Terzaghi 则认为是矩形。冒落拱理论的最大贡献在于首次提出了巷道围岩具有自身承载能力的观点[87]。

奥地利工程师 L. V. Rabcewicz 总结出了一套隧道设计、施工的新技术，提出了新奥法理论[88-91]，该理论的原理建立在岩石力学与围岩变化机理的基础上，为了保持围岩的稳定，一般是架设临时支撑及做混凝土衬砌。这种方法不管技术水平多高都难免会在支架或衬砌与围岩之间保留一定的间隙，这样必然会引起围岩的变形，这时为保持围岩稳定，只能采取加固措施。新奥法由于锚杆支护与喷射混凝土共同作用，强化了围岩，最大限度地利用了围岩本身的强度和稳定性。虽然新奥法的应用已非常广泛，但不同的应用者对新奥法的解释还存在着许多不同。在实际工程中一些人盲目地把新奥法应用于各种地质条件，从而使巷道工程出现问题。国内也同样存在这样的情况，在煤矿巷道支护中比较突出，由于人们对深部巷道支护理解不够，常套用新奥法来解决支护问题造成巷道严重变形、大面积冒顶等情况，从而造成大量的经济损失[92]。

早期的古典地压理论可以通过非常简单的初等计算给出支护压力的大小，但是无法回答变形问题。20 世纪 50—60 年代，由弹塑性力学方法引出的共同作用原理曾一度在岩石力学界占据主导地位，但是实践证明，基于连续介质的小变形弹塑性理论在解决岩石强度峰值后的性态问题上至今非常乏力，远达不到能进行支护设计的地步[85]。

近年来，许多学者运用理论分析、现场实测、模拟实验、数值计算等方法对巷道围岩因开挖工序引起的应力场与位移场的改变规律进行了系统研究，取得了一系列非常有用的结论，为巷道围岩控制奠定了坚实的基础。

日本山地宏和樱井春辅[93-94]提出了围岩支护的应变控制理论，其主要观点是：隧道围岩的应变随支护体的增加而减小，而允许的应变则随支护体的增加而增大。新奥法强调围岩的本身稳定性，而应变控制理论则强调支护体的重要性。东北大学郑雨天教授等人[95-98]在新奥法的基础上，于 20 世纪 90 年代前后提出了联合支护技术，该理论的主要观点是：在软岩巷道的支护问题上，只强调支护刚度和厚度是不能满足工程要求的，需要采用先柔后刚、先让后抗、柔让适度、稳定支护的原则来指导软岩巷道的工程问题。在此理论上发展起来的联合支护技术主要有锚喷（网）、锚带网（喷）架、锚喷网架支护技术等。于学馥等人[99-102]在 1981 年提出了轴变论理论，该理论的主要观点是：由于围岩具有一定的自承载能力，在巷道开挖后围岩从冒落到逐渐稳定的过程可以用弹性理论进行分析，此过程中围岩中的应力重新分布，当应力值超过岩体的极限强度时围岩即发生破坏，围岩内的高应力得到释放使应力分布向均匀分布方向发展。董方庭教授 1994 年提出了松动圈支护理论[103-106]，该理论的主要观点是：松动圈是因围岩中应力超过其围岩强度而产生的破裂区域，随着松动圈的范围越来越大，破裂区域和围岩变形也就越来越大，支护因此越发困难。因此，基于松动圈理论，董方庭认为支护的对象应是松动圈产生、扩展过程中的岩石碎胀变形，此时支护的主要出发点是为了防止围岩松动圈扩展过程中产生过度变形。陆士良等人[107-112]研究了锚杆锚固力作用的机理，认为巷道开挖围岩弹塑性变形已经完成，锚杆支护产生的锚固力则是限制围岩的峰后剪胀变形，随着剪胀变形的逐渐发展，锚杆在径向和切向两个方向上产生支护阻力，锚固作用使围岩在较高应力状态下获得稳定，最后达到平衡状态。太原理工大学贾喜荣教授[113-116]于2008年提出了基于岩层剪胀效应的岩层巷道剪胀锚固理论。中国矿业大学（北京）何满潮教授等人[117-124]把工程地质学和现代大变形力学相结合应用于煤矿软岩工程的问题研究，并据此提出了软岩工程地质学支护理论，该理论的主要观点是地下工程的破坏、变形大都是支护体与围岩存在强度、刚度和结构上的不耦合造成的，应采取适当的支护转化技术，使复合型支护体与围岩关系转化为单一型，也就是将复杂条件下的巷道支护分为两次：一次支护为柔性的面支护；二次支护为关键部位的点支护。郭颂从岩体中存在水平应力的角度出发提出了“刚性梁”理论[125-126]，该理论认为锚杆预应力的大小对煤层顶板的稳定起决定性作用，锚杆可以给顶板提供很高的预应力，当预应力达到一定程度时可完全防止锚固范围内的顶板岩层出现离层，从而形成“刚性梁”，这个梁结构提供了一个压力自承载结构。“刚性梁”结构可提高顶板整体的抗剪强度，顶板垂直压力被转移到巷道两侧煤体纵深处，巷道两侧附近煤体的压力减少，片帮现象缓和，使其破坏不向顶板纵深方向发展，这种“刚性”顶板可以加大锚杆间排距，降低巷道支护成本，提高巷道掘进速度。北京科技大学资源工程学院教授方祖烈[127]提出了主次承载区的概念，并据此提出了主次承载区支护理论，该理论的主要观点是：围岩深部在巷道开挖后产生一个压缩区，此压缩区称为巷道的主承载区，支护加固的张拉区为次承载区。基于此理论，支护对象应为张拉区内的围岩，支护方式和参数的选择都应根据在主次承载区相互作用过程中所呈现的动态特征来确定，而巷道围岩的稳定状态则由主次承载区的相互协调作用共同决定。柏建彪等人[128]针对易冒落复合顶板极软煤层巷道围岩变形剧烈提出了运用注浆+锚杆支护控制巷道围岩、加强顶板支护强度、充分利用围岩自承力的支护原理。勾攀峰等人[129-130]利用YDM-E型采矿工程物理模型实验系统通过相似材料模拟试验，研究了不同水平应力条件下锚杆支护巷道及无支护条件下巷道围岩的变形破坏特征，结果表明：随着水平应力的提高锚杆支护巷道顶板呈层状整体垮落，底板出现剪切滑移破坏，高水平应力条件下巷道围岩控制的重点在于控制巷道围岩的顶底板。中国矿业大学教授侯朝炯等人[131-134]在研究了综放沿空掘巷巷道围岩物性、结构、受力和变形特点后提出了综放沿空掘巷围岩大、小结构的概念，并据此提出了综放沿空掘巷的稳定性原理，该理论给回采巷道进行锚杆支护提供了强有力的理论依据。樊克恭等人[135-137]对巷道围岩弱结构破坏失稳过程及非均称控制进行了全面、系统的论述，研究了不同弱结构类型的巷道围岩塑性变形区域形态与围岩弱结构类型之间关系，指出了弱结构体破坏对巷道稳定性的影响，同时提出弱结构巷道围岩破坏的主控性与非均称控制机理。

1.3.5 锚固支护理论及技术现状

锚杆支护技术已成为煤矿巷道支护的主要手段之一，并在地下工程中得到广泛应用。其最早的应用可追溯至约1300年前的乾陵宫地宫墓道加固工程。在20世纪，随着地下工程规模的扩大，锚杆支护技术逐步发展并被广泛应用于各种工程领域，包括煤矿、铁路、水电、核工业、军工等。近年来，锚杆支护技术广泛应用于地下工程的支护中，国内外锚杆支护技术和理论的发展主要概括如下[138-166]。

锚杆支护的使用可追溯至世界上最早的煤矿——挪威的A/S Sulit Jelma煤矿。美国在20世纪初率先将锚杆支护作为煤矿顶板支护的唯一方式。1912年，德国首次将锚杆支护应用于列兹矿的地下巷道支护工程，标志着锚杆支护技术在地下岩土工程中的应用开始走向成熟。20世纪中叶，锚杆支护技术在西方发达国家得到了广泛应用和系统研究。

在中国，锚杆支护技术于20世纪中叶初期开始应用，尤其是在新中国成立后，随着煤矿开采的迅速发展，锚杆支护在煤矿中的应用逐渐普及。此后，锚杆支护技术的应用范围逐步扩展，涵盖了煤炭、冶金、铁路、水电、核工业、军工等多个领域。目前，锚杆支护已成为我国煤矿支护的主要形式之一，并在其他地下工程项目中得到了广泛应用。

随着锚杆支护技术在全球岩土行业的广泛应用，学术界也提出了许多适用于不同工况条件的锚杆支护理论，并对其进行了不断的完善。目前，较为成熟的锚杆支护理论主要包括：

（1）悬吊理论，该理论认为锚杆的作用是通过将围岩与锚固体连接，从而实现对围岩的支撑作用。锚杆与围岩之间的相互作用可以形成一个整体结构，支撑巷道的顶板或侧壁，减轻围岩的破坏程度。

（2）减跨理论主要描述了锚杆支护通过有效减少巷道的有效跨度，降低围岩的位移和应力集中的情况。锚杆通过限制围岩的变形，有效降低了巷道的破坏风险。

（3）组合梁理论认为，锚杆支护的核心是将锚杆与围岩之间的相互作用视为复合梁结构，其中锚杆和围岩共同承担荷载。围岩在受到外力作用时，会发生一定程度的变形，锚杆则通过其抗拉力和抗弯能力提供支撑。

（4）组合拱理论则强调，锚杆支护能够通过形成复合拱结构来提高围岩的稳定性。锚杆与围岩共同形成一个协同作用的支撑体系，有效传递荷载并抵抗变形，减少了巷道的破坏。

（5）楔固理论主要探讨了锚杆对围岩的楔固作用，认为锚杆通过对围岩的施压使得围岩结构发生稳定变化，从而提高了整体支撑能力。

（6）松动圈支护理论则关注锚杆支护对围岩松动圈的控制作用。锚杆支护能够有效限制围岩的松动层次，减少巷道围岩破坏带的扩展，进而提高支护的可靠性。

(7) 锚注理论是近年来发展起来的一种新的锚固技术，主要通过在锚杆安装的同时注入浆液，进一步增强锚杆与围岩的黏结力，从而提高锚固效果。锚注支护不仅能提高锚杆的承载能力，还能增强岩体的整体稳定性，尤其在围岩破碎严重的情况下具有显著优势。

通过对锚杆支护理论的分析，可以归纳出以下几点。

(1) 锚杆支护的本质是锚杆与锚固区域岩体的相互作用。锚杆和围岩之间形成了一个统一的承载结构体，锚固岩体的力学性质得以增强。

(2) 巷道围岩通常分为破碎区、塑性区和弹性区。锚杆的作用不仅能提高锚固区域岩体的峰值强度，还能提高岩体的峰后强度，从而强化围岩的力学性能，改善围岩的整体稳定性。

(3) 锚杆支护能通过改变围岩的受力状态，提高围岩的承载能力。通过支护结构的协同作用，锚杆能够有效提升巷道围岩的整体承载能力，从而改善巷道稳定性。

(4) 锚杆支护能够有效减小巷道围岩的破碎区和塑性区的范围，减少巷道表面位移，增强巷道的稳定性。通过锚固体的强化作用，巷道围岩的失稳和破坏现象得到了有效抑制。

(5) 随着锚注支护技术的推广，二次支护理论得到了显著的发展。二次支护技术通过进一步补强围岩，特别是在围岩发生位移后，为巷道提供更为稳固的支撑。二次支护在许多矿山和地下工程中得到了成功应用，并在实践中取得了良好的效果。

近年来，随着锚杆支护技术的不断发展，许多新的理论和技术也应运而生。例如，结合数值模拟与现场试验，学者们逐渐提出了基于分布式破坏力学的锚杆支护模型，这一模型能够更准确地描述锚杆与围岩的相互作用。与此同时，随着智能监测技术的进步，基于传感器技术的锚固力监测系统已经开始应用于实际工程中，能够实时监测锚杆的受力情况，从而优化支护设计，提升支护效果。

此外，近年来的研究还探讨了锚杆材料的创新与升级，尤其是在高强度、高耐腐蚀性的锚杆材料方面，许多新的合金和复合材料的应用开始得到关注。这些新型锚杆材料能够在极端环境下保持较高的稳定性与强度，极大地延长了支护结构的使用寿命。

1.4　当前巷道围岩控制的关键科学问题

尽管如此，随着开采规模的扩大和开采深度的增加巷道服务期间围岩物性和结构状态的变化过程更为复杂，给巷道稳定控制带来了新的理论和技术问题。

（1）尽管岩体本构模型的研究已取得一定进展，但目前这些模型在模拟巷道围岩峰后状态及特性方面仍存在不足。围岩在开采过程中经历弹塑性、破裂、破碎和松散等多个变形阶段，尤其是峰后破碎状态对巷道的稳定性影响深远。目前本构模型尚无法合理全面地描述岩体在峰后状态下的力学特征和变形规律。因此，未来的研究需要发展能够全面模拟岩体峰后特性及其演变规律的本构模型，以提高对巷道围岩的精准描述和预测能力。

（2）尽管在巷道围岩矿压显现规律的研究上已有一定进展，但随着采掘深度的增加和采矿技术的变化，矿压的显现规律在不同的围岩条件下存在显著差异。目前，对不同类型巷道、不同围岩条件及不同支护状况下的矿压显现规律的研究仍不够全面和准确。特别是在服务期内，围岩经历峰值强度后，矿压显现的非线性、复杂性及时变性等特征还未得到充分理解。因此，需要开展更为系统和深入的研究，揭示矿压显现的内在机理，并为矿山开采过程中矿压控制提供理论支持。

（3）当前，关于巷道围岩-支护相互作用的研究已取得较大进展，尤其是在峰值强度前阶段，研究者们对围岩-支护相互作用的规律已有相对统一的认识。然而，在岩体进入峰值强度后的破裂、破碎和松动变形阶段，围岩与支护之间的相互作用机理仍然缺乏深入的研究。现有的研究成果多为零散的、片面的，缺乏系统的理论体系。因此，需要对巷道围岩在峰值强度后期的支护-围岩相互作用进行深入研究，探索其规律性，并开发出适用于这一阶段的支护设计和控制策略。

（4）尽管目前对巷道围岩在峰值强度之前的变形和破坏机理有了较为清晰的认识，但对于巷道围岩峰后破坏阶段的稳定性机理和控制原理的研究仍不够系统。随着围岩的破坏进程从弹性阶段过渡到塑性阶段，甚至达到破裂和松动阶段，围岩的破坏特征和控制机理发生了显著变化。如何在这些阶段有效识别破坏模式，并采取相应的支护措施，是当前研究中的一个空白。因此，未来研究应区分不同变形阶段的围岩破坏机理，并基于这些机理提出不同阶段的支护控制策略，确保巷道在各个阶段的稳定性。

（5）随着巷道围岩从弹性变形进入峰后破坏阶段，围岩的力学行为发生显著变化，支护的需求也随之改变。现有的支护策略主要针对围岩处于峰值强度之前的阶段，尚未充分考虑到峰后阶段的特殊性。因此，需要研究不同破坏阶段下支护策略的适应性，特别是在峰后破坏阶段如何有效增强支护的稳定性和持久性。通过系统的理论研究和实验验证，制定出针对各个变形阶段的合理支护方案，是未来研究的重要方向。

这些研究问题为岩土工程领域在巷道支护和围岩稳定性控制方面的进一步发展提供了重要方向，也为理论研究和工程实践提供了丰富的探索空间。

2 岩体峰后全过程特性及其本构模型

2.1 引 言

深部开采面临着更为复杂的地质条件和巨大的技术挑战，特别是在围岩的力学行为和变形机制方面。随着开采深度的增加，围岩的物理力学特性发生显著变化，浅部开采中的弹塑性行为在深部开采中逐步转变为破裂、破碎状态。这一变化不仅改变了围岩的力学特征，而且伴随不同开采条件和工程特性，围岩破坏的程度和方式也各不相同。这些变化为煤矿的正常生产和安全带来了巨大的潜在风险，如何有效控制深部开采中的巷道围岩稳定性，已成为当前煤炭开采领域亟待解决的核心问题之一。

深部开采的岩石力学问题是一个多维度、多层次的复杂问题，特别是在巷道支护设计和围岩稳定性分析中，传统的岩石力学理论已不能完全适应深部开采的要求。岩石的峰后行为——在峰值强度之后的强度和变形之间的关系——在深部开采中尤为重要。当前的研究大多集中在岩体的峰值强度和破坏前的力学特性，而对峰后阶段的研究相对较少，尤其是在大变形状态下围岩的力学行为和相互作用的理解仍存在诸多不足。因此，深入探讨岩体峰后全过程的力学特性，发展适用于深部开采巷道围岩的本构模型，是实现煤矿巷道安全稳定开采的基础。

设计任何矿山巷道时都需要考虑两种因素：（1）工程实践中巷道周围通常都有一个范围很广的岩石破碎区；（2）采矿工程中巷道支护最根本的目的不一定是阻止围岩破裂，而是确保巷道围岩不发生过量位移[113]。巷道围岩稳定性不同于一般的隧道和地铁等地下工程，由于其服务性质的特殊性，使得巷道围岩经常处于峰后大变形状态，其围岩在巷道服务期间经历弹性—弹塑性—破裂—破碎—松动等过程，围岩分区示意图如图 2-1[139] 所示。目前关于岩石力学的研究成果多集中在峰值阶段，对峰后力学特性的研究还不够完善。因此，要研究巷道围岩的稳定性首先应该掌握岩体的峰后特性，并寻找能够合理描述涵盖岩体峰后变形-受力特性的本构方程。

本章依据岩石三轴压缩特性，在研究岩体峰后全过程强度和变性特征的基础上，通过理论推导提出岩体峰后强度计算公式和峰后本构模型，并通过数值计算模拟三轴压缩验证其合理性。

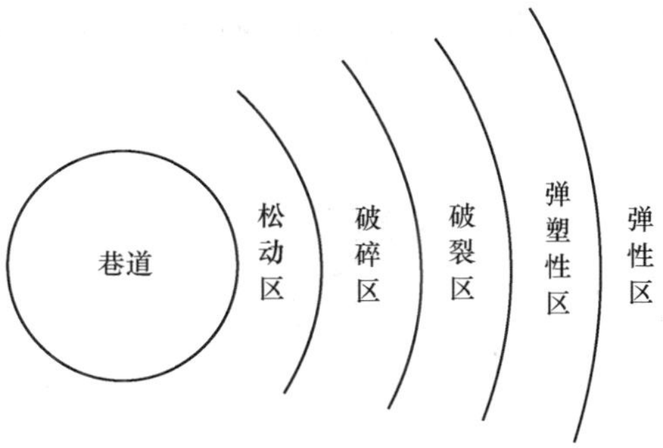

图 2-1 巷道围岩状态分区

2.2 岩石压缩试验全过程分析

2.2.1 岩体加卸载分析

岩石力学特性分析的重要手段之一是岩石力学试验，尤其是岩石压缩试验。岩石加卸载分析对于研究岩石的特性至关重要，迄今为止国际上关于岩石单轴压缩载荷-位移曲线的认识分为两类（见图 2-2），许多学者对此分类提出了质疑，葛修润院士[167]通过自行研制的伺服试验机进行了大量的岩石单轴压缩试验认为Ⅱ类曲线在本质上讲不存在，学者郑宏[168]通过理论分析证明了Ⅱ类曲线违背了Il'yushin 公设，然而这些认识是基于完整的岩块试件得出来的结论。在本质上讲，Ⅱ类曲线为岩石破坏后形成了贯通的裂隙面导致岩体整体抗载荷能力出现急剧地大幅度阶梯形下降，使得岩石内部发生沿裂隙面的滑动，这种滑动使得试件压缩载荷减小，出现峰后剪胀效应，试件弹性变形部分得到恢复，由于试件整体变形为弹性变形与永久变形之和，弹性变形的部分恢复导致整体变形减小，相当于发生了部分卸载，继而呈现Ⅱ类曲线形式，脆性大是出现Ⅱ类曲线的必要条件。

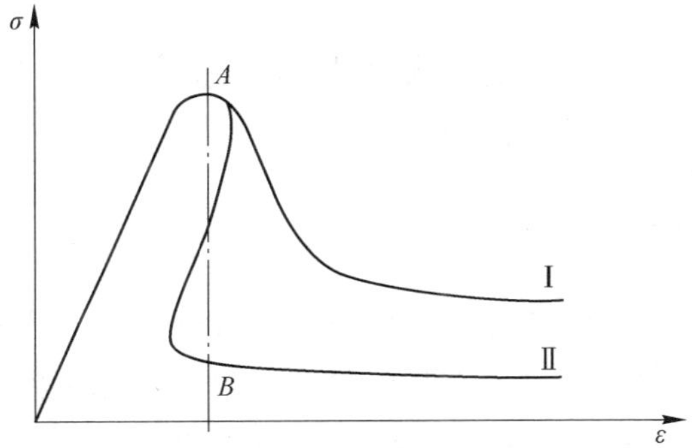

图 2-2 两种基本类型的全过程曲线

学者们通过大量的岩石压缩试验认为岩石材料加卸载具有如图 2-3 所示的结果[169]。

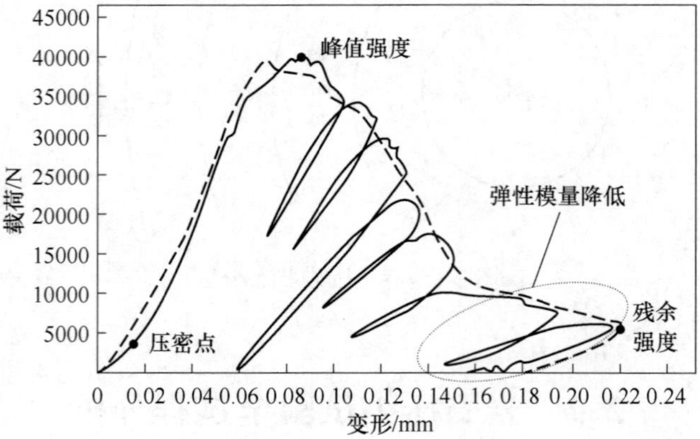

图 2-3　重复加载和卸载全应力-应变曲线

根据图 2-3 可以知道，岩石材料在压缩过程中压密阶段中弹性模量逐渐增大，弹性阶段中弹性模量保持不变，峰后弹性模量逐渐减小，尤其是岩石处于残余强度变形过程中。

随着材料科学的发展，关于材料本构关系的描述已趋成熟，但对于岩石这种特性材料的本构关系，通过数学方法建立的精确模型应用在理论分析和数值计算中还存在巨大的困难，为此，实际工程分析仍需简化岩石材料本构关系的描述。对于实际工程而言往往关心的是岩体处于峰后变形的程度和强度特征，为此，可以对岩体本构关系进行一些简化，认为岩体峰前为线弹性阶段，峰后为塑性阶段(用来描述强度曾步入峰后阶段)，并且认为岩石材料在整个压缩过程中弹性模量不变，这样简化既不会对分析结果（应力和变形）造成过大的影响，且易在工程实际分析中应用。

综上所述，对实际工程分析可认为岩石材料整个服务期内弹性模量不变、峰前为线弹性、峰后为强度衰减阶段。

2.2.2　岩石三轴压缩特性分析

图 2-4 所示为几种不同的岩石在不同围压下的应力-应变曲线[51,170-176]，其中包括 8 组岩样，其岩性不同，本小节拟在其研究结果的数据上分析。从图 2-4 中可以看出随着围压的增高岩体的承载能力得到提高，且其可变形能力得到了提高。

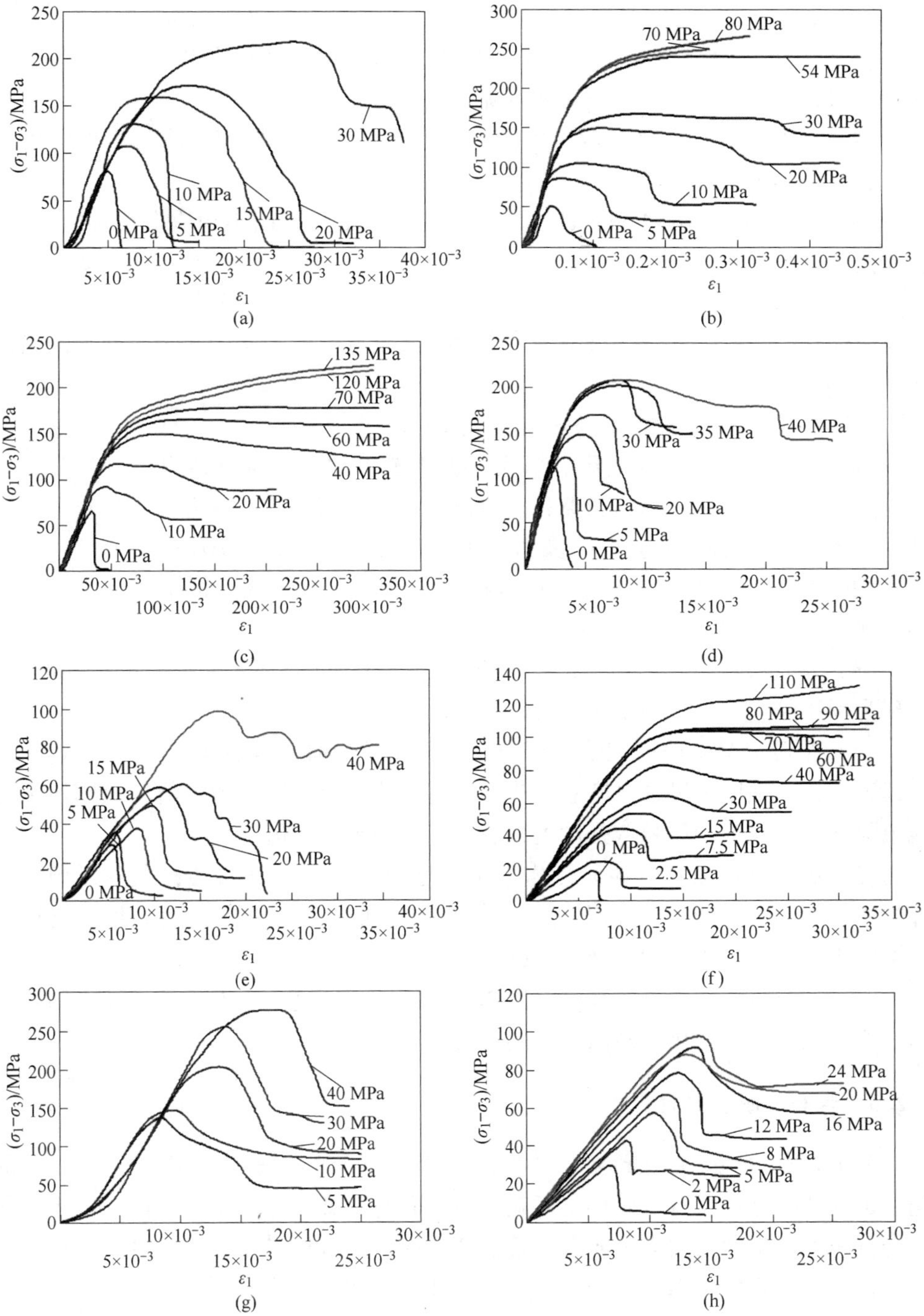

图 2-4　几种不同的岩石三轴压缩试验全过程曲线

(a) 第 1 组；(b) 第 2 组；(c) 第 3 组；(d) 第 4 组；(e) 第 5 组；
(f) 第 6 组；(g) 第 7 组；(h) 第 8 组

据图 2-4 可知，单向受压过程中岩石的变形过程包括四个阶段：

（1）压密阶段。随着变形的增大应力逐渐增加，增加形势呈现凹型上升，此阶段岩石材料内部的部分裂隙和空隙压实。

（2）线弹性阶段。该阶段应力随着变形的增大以线性规律增加直至强度极限，岩石变形为弹性变形。

（3）塑性极限平衡阶段。此阶段应力处于极限状态而不随应变增加而改变，岩体内部裂隙发育。

（4）强度突变阶段。此时岩石由整体似连续体状态突然变为破裂或破碎的非连续体状态，其强度也由极限强度突然衰减至近似为零，而此阶段应变的增加非常微小，几乎可以忽略。

三向受压时岩石的变形过程包括五个阶段：

（1）压密阶段。随着变形的增大应力逐渐增加，岩石材料内部的部分裂隙和空隙被压实，围压越高，裂隙和空隙被压实的范围和程度越大，且随着围压的升高压密阶段呈现减小趋势，这是由于初始围压已使部分裂隙压密。

（2）线弹性阶段。应力随变形以线性规律增加直至强度极限，该阶段特性和单向受压状态相比几乎没有变化。

（3）塑性极限平衡阶段。此阶段应力处于极限状态而不随应变的增加改变，表现为围压越大塑性极限平衡阶段越长。

（4）强度衰减阶段。该阶段岩石由整体似连续体结构逐渐演变为破碎的非连续体结构，强度由极限强度衰减为某一特定值，定义这一特定值为该围压下的残余强度。表现为围压越低强度衰减越迅速，残余强度值越小。

（5）残余强度阶段。该阶段岩石试件已处于充分破坏状态，在变形增加过程中所表现的承载能力（即残余强度）为围压束缚下岩石碎块间的相互挤压和摩擦作用效果，围压越大残余强度越大。

以上分析表明，岩石的强度特性和变形特性并不是一成不变的，而是随着变形的增大和围压的变化表现出不同的阶段性特征。

2.2.3 岩石的脆、延性

关于岩石“脆—延性转换”的概念一直有不同的理解。从宏观上讲岩石的脆—延性转换是指岩石从局部变形破坏模式向均匀流动变形模式转换的过程，影响岩石脆性、延性的因素主要有岩石物理特性、应力状态和温度，对于煤矿地下工程来说其主要影响因素为岩石自身的物理特性和应力状态[177]。

图 2-5 给出了岩石脆性和延性在应力-应变平面的定义，图 2-6 所示为岩石材料从脆性向延性逐渐转换过程中应力-应变曲线[178-179]。脆性特性在应力-应变平面表现为随着永久变形的增大岩石迅速失去承受载荷的能力，而延性特征表现为

随着永久变形的增大仍能保持一定的承载能力，且可以持续发生永久变形，这种定义依据岩石变形状态和承载能力的相对关系。对应于实际工程中脆性特征表现为岩石发生破坏之前变形很小，当载荷达到其极限状态后很快发生猛烈破坏；延性特征表现为岩石在破坏前变形很小，当载荷达到一定程度时载荷不增加而位移持续增大。

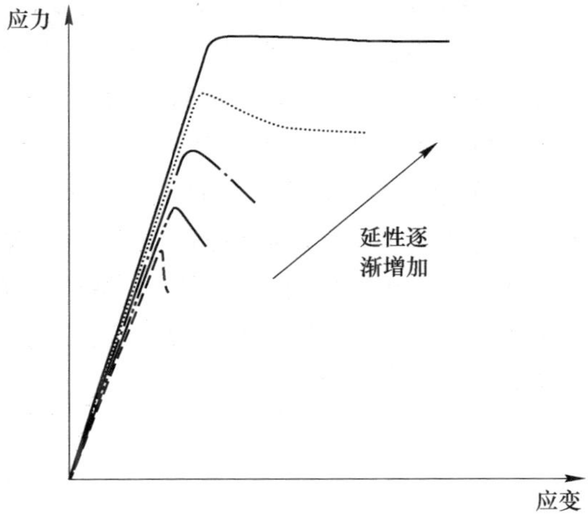

图 2-5 岩石脆性和延性的定义

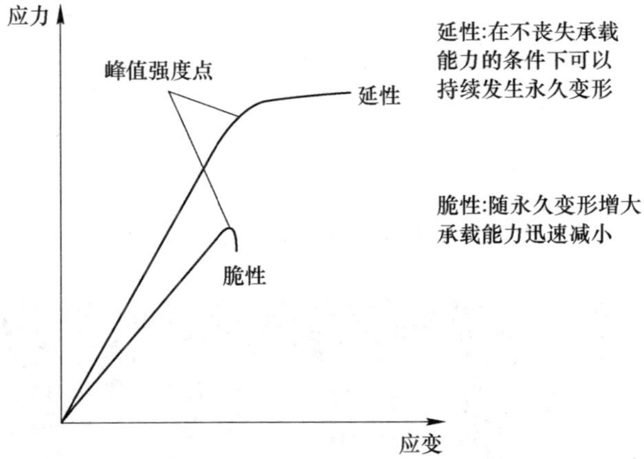

图 2-6 岩石脆性向延性转换

对于煤矿地下工程，岩体所处的温度场一般还难以改变其脆性特征，改变其脆性和延性的主要因素为应力特征，例如大部分岩体都有随着围压升高岩体脆性减弱、延性增加的特性。究其本质，在围压作用下岩体“脆—延性转化”主要是岩体变形模式从局部宏观破裂向碎裂流动变形的转变。碎裂流动是一类分布式变形，其在一定程度上包括岩石内部破裂和摩擦滑动，强度跟围压有关。

图 2-7 所示为某砂岩在三轴压缩试验下其应力-应变曲线[178]。从图 2-7 中可以看出，随着围压的升高岩石的抗压强度得到提高，且其延展性也逐步增加，这表明随着围压的增高岩石的破坏模式从局部破裂发展到了分布式碎裂流动。为了能明显地区分不同围压下试件的破坏变形情况，分别取不同围压下试件的典型破坏形式图（见图 2-8）[178]进行分析，其中图 2-8（a）为试件在单轴压缩下的破坏图，其破坏形式为典型的局部破裂，属于张拉性破坏。当围压增加到一定程度时试件的破坏形式呈现图 2-8（b）所示破坏模式，表现为压剪破坏，压剪破坏面明显，且破坏面为单个倾斜面，破坏中伴随有摩擦滑动，从破坏模式上判断其延展性得到了提高。随着围压的进一步提高，试件的破坏形式呈现图 2-8（c）所示的模式，表现为存在不明显的压剪破坏剪切面，破坏面呈现 X 形，横向膨胀明显，证明有明显的扩容现象。当围压继续提高到某一特定值时，试件的破坏形态呈现为图 2-8（d）所示类型，试件不存在明显的破坏面，横向膨胀剧烈，其永久变形为试件内部碎裂流动，扩容现象明显。

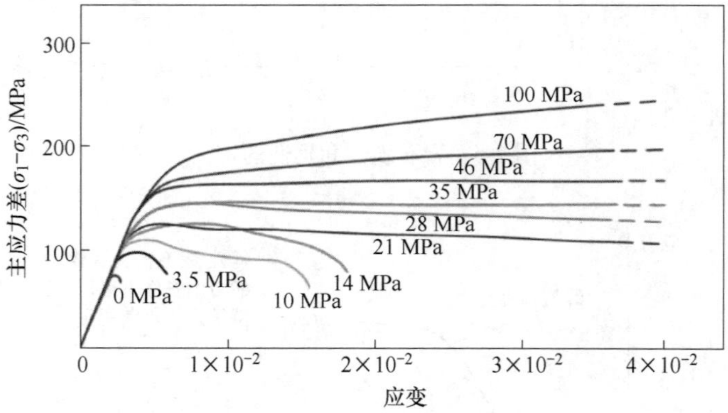

图 2-7　某砂岩三轴压缩应力-应变曲线

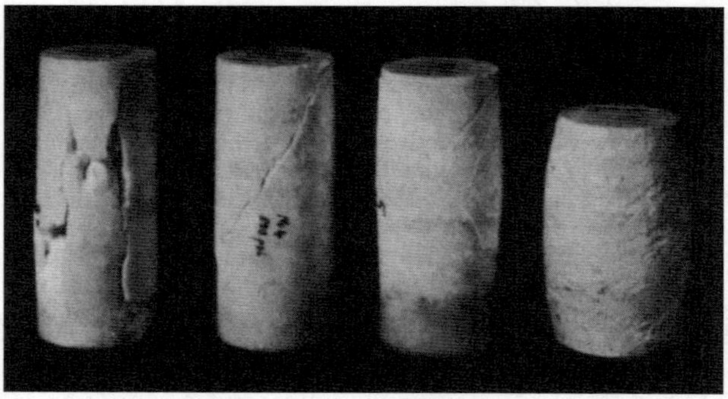

(a)　(b)　(c)　(d)

图 2-8　不同围压下某砂岩的变形破坏形式

综上所述，岩石随着围压升高具有从脆性向延性转换的特性，且这种转化是岩石由局部破坏向内部分布式碎裂流动变形发展的过程。

2.3 岩体峰后全过程的特性

2.3.1 峰后强度特征

建立本构模型的前提是获得岩体整个变形过程中的强度特征、变形特征，以及其之间的相对关系。谈及岩体本构模型离不开强度理论，为了能针对岩体的应力-应变特性分析岩体的强度特征，通过分析 11 组岩样的三轴压缩试验结果来研究其强度特征及变形特征。

图 2-9 所示为岩样 1~岩样 11 的强度特征和围压关系曲线[180]。其中强度特征包括峰值抗压强度 σ_{1p}、残余抗压强度 σ_{1r}、峰值抗压强度与残余抗压强度差值 σ_{pr}。其中，

$$\sigma_{pr} = \sigma_{1p} - \sigma_{1r} \tag{2-1}$$

据图 2-9 可知，随着围压的增高所有岩样的峰值抗压强度和残余抗压强度基本呈直线增加，峰值抗压强度与残余抗压强度之差与围压基本呈线性关系，第 7 组和第 11 组呈峰值抗压强度与残余抗压强度的差值随着围压的增大基本保持不变，第 6 组和第 9 组试件峰值抗压强度与残余抗压强度的差值随着围压的增大逐渐增大，其余组试件峰值抗压强度与残余抗压强度的差值随围压的增大逐渐减小。

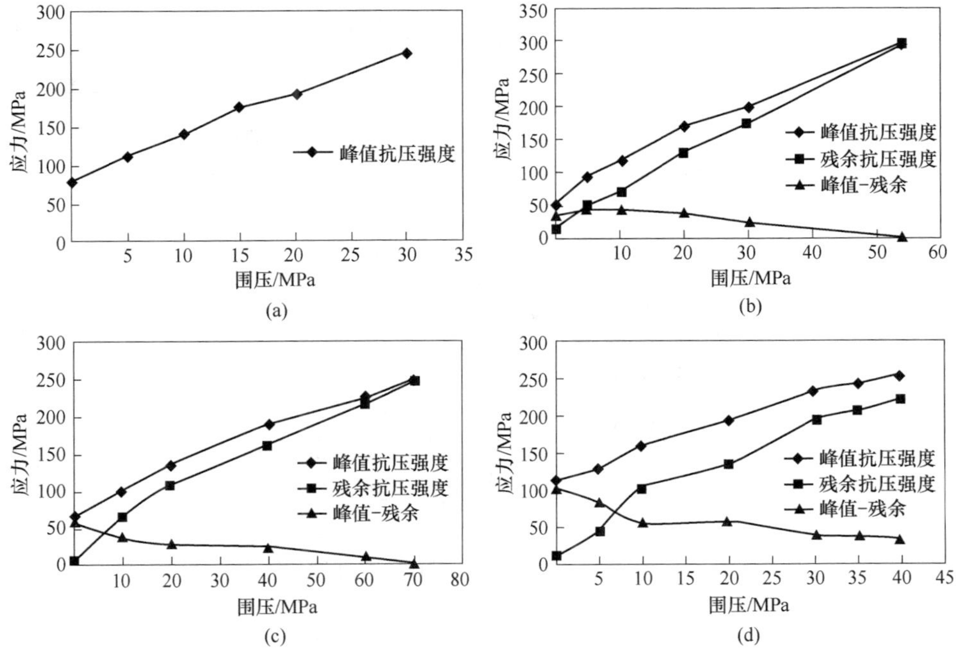

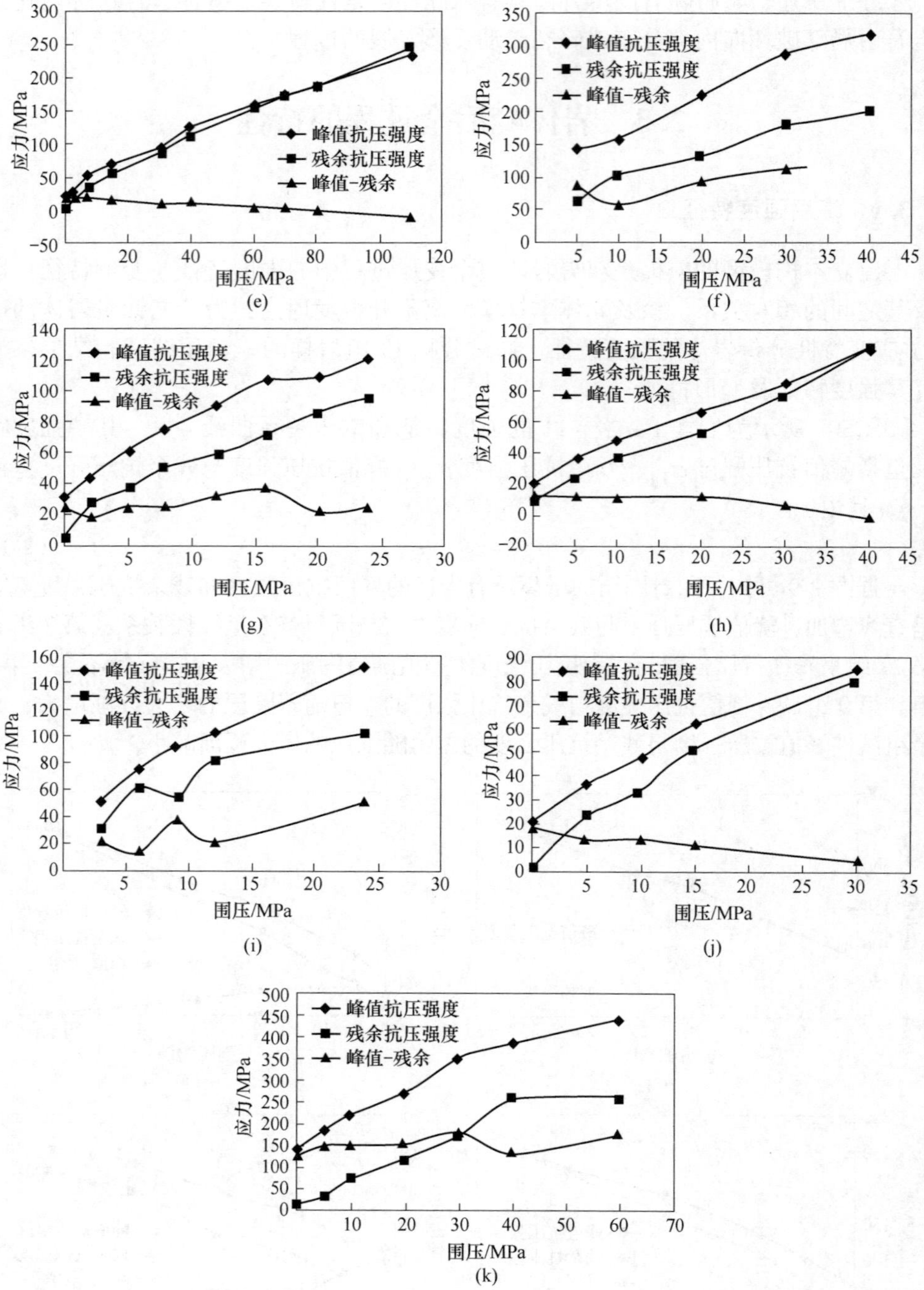

图 2-9　岩样强度与围压关系曲线

（a）岩样 1；（b）岩样 2；（c）岩样 3；（d）岩样 4；（e）岩样 5；（f）岩样 6；
（g）岩样 7；（h）岩样 8；（i）岩样 9；（j）岩样 10；（k）岩样 11

分析图 2-9 中各曲线的特征可以得到以下结论：

（1）11 组岩样峰值强度随围压的增高基本呈线性增大；

（2）11 组岩样残余强度随围压的增高基本呈线性增大；

（3）11 组岩样峰值强度与残余强度之差随围压增高呈线性变化；

（4）第 2、第 3、第 4、第 5、第 8、第 10 组岩样峰值强度与残余强度之差随围压增高线性减小，第 6、第 9 组岩样峰值强度与残余强度之差随围压增高线性增大，第 7、第 11 组岩样峰值强度与残余强度之差基本呈水平线特征。

要描述岩石的峰后力学行为至少需要清楚两种强度特征，即岩石峰值强度和残余强度。为了能合理描述岩石变形过程中的全程强度特征，分别绘制 11 组试件的峰值强度曲线（见图 2-10）与残余强度曲线（见图 2-11）进行分析。

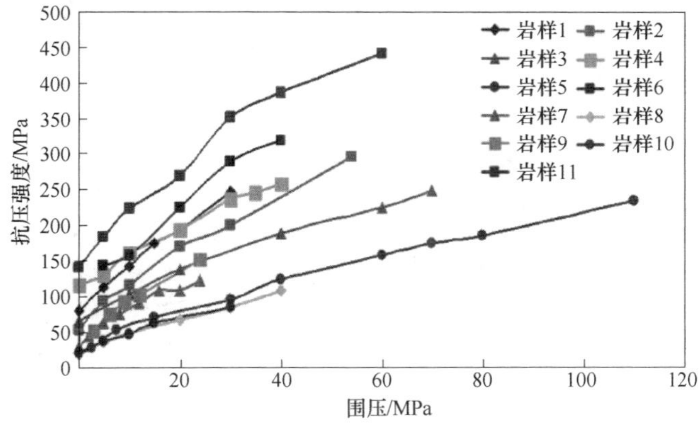

图 2-10　峰值抗压强度与围压关系曲线

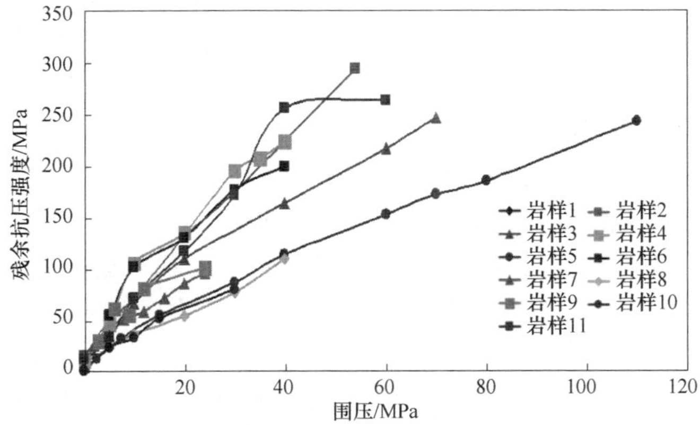

图 2-11　残余抗压强度与围压关系曲线

从图 2-10 中可以看出，对于 11 组岩样其峰值强度都随着围压的增高而增大，虽然不同围压下各组试样峰值强度并不相同，且其随围压的增大的速率各异，但各组试样峰值强度与围压关系基本呈线性特征。从图 2-11 可知，残余强度亦随围压的增高而增大，增大特征亦为线性。

峰值强度和残余强度都随围压呈线性增大特征，这就给利用 Mohr-Coulomb 强度准则描述涵盖峰后岩体变形全过程的强度特性提供了基础，Mohr-Coulomb 强度理论主应力表达式为：

$$\sigma_1 = \frac{1 + \sin\varphi}{1 - \sin\varphi}\sigma_3 + \frac{2c \cdot \cos\varphi}{1 - \sin\varphi} \tag{2-2}$$

该式表明抗压强度 σ_1 和围压 σ_3 呈线性关系。

岩体峰值抗压强度和残余抗压强度差值与围压的关系如图 2-12 所示。

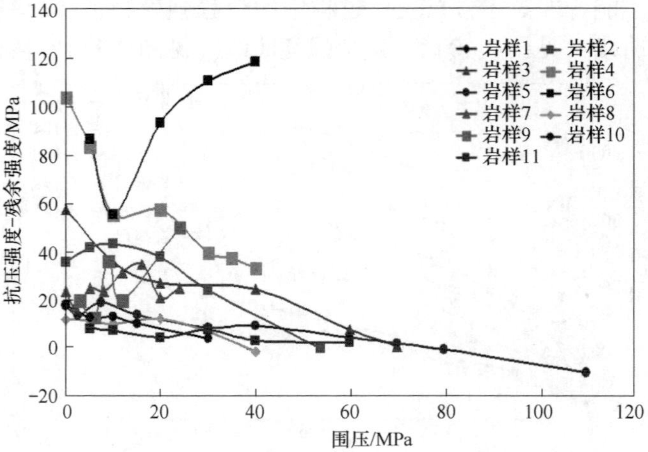

图 2-12　岩体峰值抗压强度和残余强度差值与围压关系曲线

对结果分析可知，11 组试件中有 4 组峰值抗压强度与残余抗压强度差值呈无规律波动，其余 7 组峰值抗压强度与残余抗压强度差值均随着围压的升高逐渐减小，当到达各自特定围压值时差值为零。T. G. Joseph[181-182] 通过试验研究得出了峰值强度与残余强度的关系曲线（见图 2-13）。

从图 2-13 中可以看出当围压确定时峰值强度和残余强度都是唯一且确定的，这说明峰值强度、残余强度、围压两两之间都服从一一映射，且据图可知都为正变关系。当围压增大到脆延性转折点 σ_{3t} 时，此时峰值强度 σ_{1p} 和残余强度 σ_{1r} 相等，即 $\sigma_{1p}=\sigma_{1r}=\sigma_{1t}$。通过分析可以得到这样的结论：低围压时岩石的峰值强度大于残余强度，峰值强度和残余强度均随着围压的增大而增大直至峰值强度与残余强度相等，峰值强度与残余强度的差值随着围压的增高而减小直至为零。峰值强度与残余强度相等处（即峰值强度与残余强度差值为零处）为岩石脆延性转换转折点。

然而其结论亦存在与本书试样结果不同之处，前面 11 组试样结果均表明峰前强度、残余强度均与围压成正比关系，而 T. G. Joseph 的结果为正变关系，这就要求针对试验结果修正，图 2-14 为修正结果。

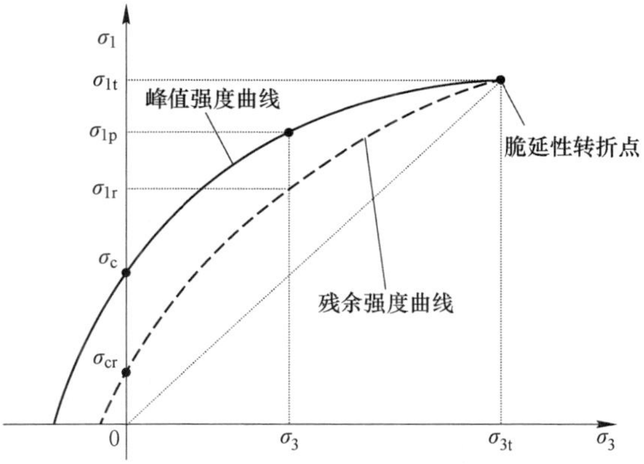

图 2-13　峰值强度与残余强度随围压变化曲线

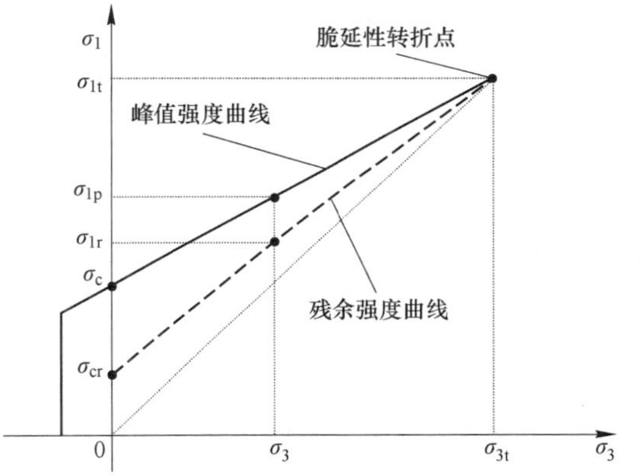

图 2-14　修正的峰值强度与残余强度随围压变化曲线

2.3.2　峰后强度与变形的关系

前面已经分析得到了 Mohr-Coulomb 强度准则在描述本书涉及岩石峰值强度和残余强度方面具有适宜性，那么如何描述岩石峰后强度变化和变形的关系就成了下一个要解决的问题。Mohr-Coulomb 强度准则中包含了两个强度参数，其分别为黏聚力 c 和内摩擦角 φ，根据 Mohr-Coulomb 强度准则的表达式可以知道，图 2-9 中的强度曲线斜率即为 $(1+\sin\varphi)/(1-\sin\varphi)$。据图 2-9 可知通常情况下残余强度曲线的斜率大于峰值强度。

图 2-15 所示为 Mohr-Coulomb 强度准则表达式中 $(1+\sin\varphi)/(1-\sin\varphi)$ 和 $\cos\varphi/(1-\sin\varphi)$ 值随 φ 的变化曲线。据图 2-15 可知，当内摩擦角为零时 $(1+\sin\varphi)/(1-\sin\varphi)$ 和 $\cos\varphi/(1-\sin\varphi)$ 值相等且为 1，随着 φ 的增大 $(1+\sin\varphi)/(1-\sin\varphi)$ 和 $\cos\varphi/(1-\sin\varphi)$ 值都持续增大，$(1+\sin\varphi)/(1-\sin\varphi)$ 值增

大率大于 $\cos\varphi/(1-\sin\varphi)$。

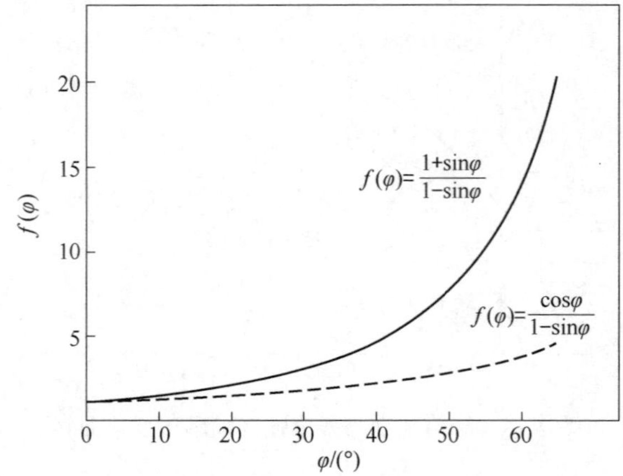

图 2-15　Mohr-Coulomb 强度准则参数与内摩擦角关系曲线

记 $K=\dfrac{1+\sin\varphi}{1-\sin\varphi}$，$M=\dfrac{2\cos\varphi}{1-\sin\varphi}$，峰值摩擦角为 φ_p，峰值黏聚力为 c_p，残余摩擦角为 φ_r，残余黏聚力为 c_r。

那么

$$\begin{aligned}\sigma_1 &= K\cdot\sigma_3+M\cdot c\\ \sigma_{1p} &= K_p\cdot\sigma_3+M_p\cdot c\\ \sigma_{1r} &= K_r\cdot\sigma_3+M_r\cdot c\end{aligned}\tag{2-3}$$

岩石具有峰值强度随围压变化直线斜率小于残余强度随围压变化直线斜率的特性，故 $K_p<K_r$。由于 K 为 φ 的增函数，故 $\varphi_p<\varphi_r$。在此条件下有 $M_p<M_r$，若 $c_p\leqslant c_r$，则 $\sigma_{1p}<\sigma_{1r}$，因为有 $\sigma_{1p}>\sigma_{1r}$，故 $c_p>c_r$。

通过上面分析可以得出以下结论：

（1）岩石峰后随着永久变形的增加其强度逐渐减小；

（2）岩石峰值强度处的内摩擦角小于残余强度处的内摩擦角；

（3）岩石峰值强度处的黏聚力大于残余强度处的黏聚力；

（4）岩石峰后随着永久变形的增加其内摩擦角逐渐增大直至残余强度内摩擦角；

（5）岩石峰后随着永久变形的增加其黏聚力逐渐减小直至残余黏聚力。

2.3.3　峰后本构特性

根据前面的分析可知，随着围压的增大岩石抗压强度呈线性增大，且曲线呈脆性向延性转换，为此，对变形曲线进行分类可以分为弹脆性曲线、应变软化曲线、理想弹塑性曲线、应变硬化曲线[182-184]四类（见图 2-16）。

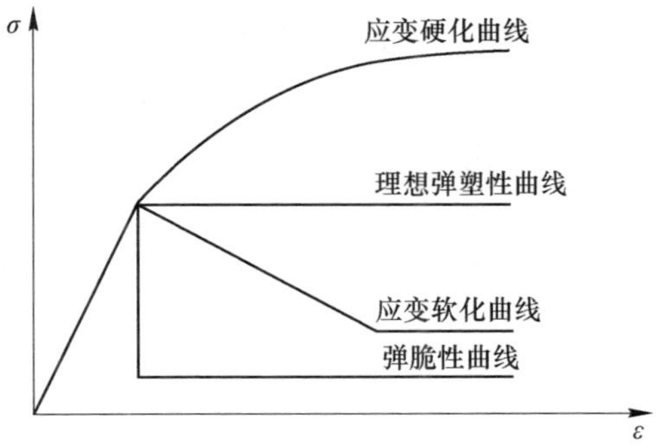

图 2-16 岩石压缩应力-应变曲线分类

根据前面结果可知，11 组岩样应力-应变曲线随着围压的增加呈现由弹脆性—应变软化—理想弹塑性—应变硬化发展。因此本构模型不仅要反映前面所述岩石随围压峰后强度服从 Mohr-Coulomb 准则的特性，而且应该能反映岩体应力-应变关系转化特性。在图 2-4 中，第 4 组~第 8 组岩样峰值强度点近似线和残余强度点近似线平行，第 1 组~第 3 组岩样峰值强度近似线斜率比残余强度近似线斜率大，但是相差不大。岩石的三轴压缩试验表明随着围压的增大峰值强度呈线性增大，残余强度增大比较离散，从图 2-4 中可以看出残余强度基本也呈现线性增大。为了能典型分析岩体的应力-应变特性，取 1 组试样三轴压缩试验曲线结果（见图 2-17）进行分析。

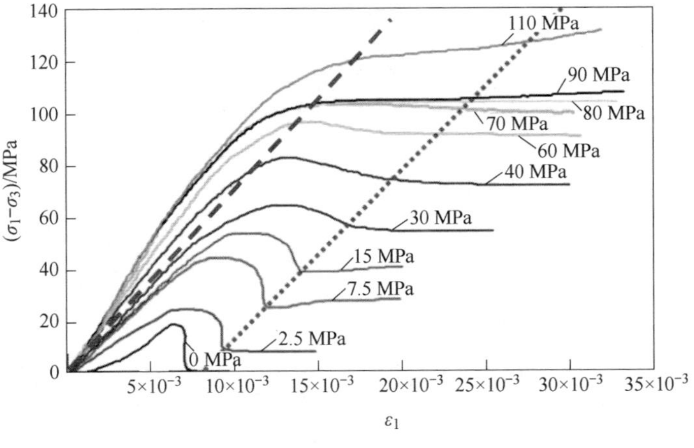

图 2-17 峰值强度点和残余强度点近似线

从图 2-17 中可以看出试样的峰值强度点近似线和残余强度点近似线几乎平行，为了能简化分析岩石本构且对理论分析不造成大的误差，基于前面的分析在认为弹性模量在整个加卸载过程中不变的条件下，按照经典弹塑性理论分析可以认为相同的塑性应变下岩石的强度服从特定的 Mohr-Coulomb 强度准则。这样，利用 Mohr-Coulomb 强度参数描述岩体的强度特征，不论围压是何值，只要塑性应变确定，那么强度参数值也是确定的。基于此便可得到岩石峰后 Mohr-Coulomb 强度参数随塑性应变的变化曲线（见图 2-18）。

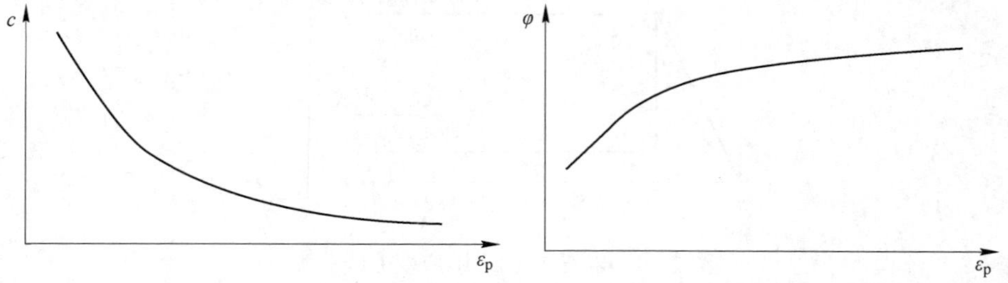

图 2-18　黏聚力和内摩擦角随塑性应变变化曲线

全应力-应变曲线进入峰后阶段，应力随着应变的增加逐渐减小，在多次重复加载和卸载中，相当于岩石的强度一直在减小。因此，描述岩石的峰后强度随着塑性应变的变化特征不仅可以反映岩体峰后强度的衰减，且可以反映随围压的增高岩体会出现脆性向延性转换的特征。

根据前面的结论，可以通过三轴压缩试验的任意两条来确定整个压缩试验过程中岩体峰后特性的变化规律。图 2-19 为不同围压下岩石三轴压缩试验的两条应力-应变曲线，其中围压 1 小于围压 2，与同一条斜直线相交的两个点处所对应的强度参数值相等，此时的塑性应变值对应于斜直线与横轴 ε_1 相交的值。根据 Mohr-Coulomb 强度理论在每个塑性应变值处可以得到一个方程组：

$$\begin{cases} \sigma_1' = \dfrac{1 + \sin\varphi}{1 - \sin\varphi}\sigma_3' + \dfrac{2c \cdot \cos\varphi}{1 - \sin\varphi} \\ \sigma_1'' = \dfrac{1 + \sin\varphi}{1 - \sin\varphi}\sigma_3'' + \dfrac{2c \cdot \cos\varphi}{1 - \sin\varphi} \end{cases} \tag{2-4}$$

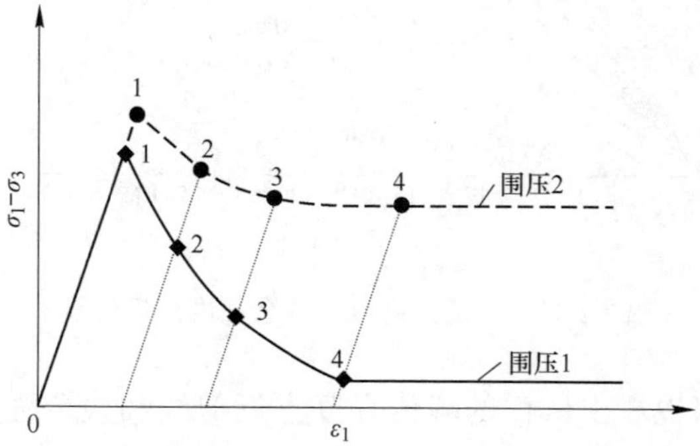

图 2-19　两条不同围压三轴压缩应力-应变曲线确定岩体峰后强度特征图

据此可以求得此时的强度参数 c 和摩擦角 φ，从而绘制出强度曲线。图 2-20 为图 2-19 中的 4 个塑性点的强度曲线在主应力平面的图形，从图中可以看出，随着塑性应变的增大黏聚力 c 逐渐减小，而摩擦角 φ 逐渐增大，这与岩体破损和微裂隙发展过程中岩体黏聚力 c 随塑性应变增大减小，且摩擦角 φ 随塑性应变增大而增大的过程一致。

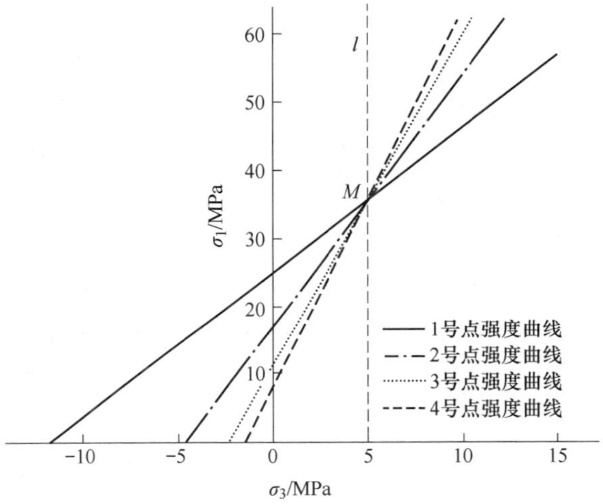

图 2-20 主应力空间强度曲线变化图

在图 2-20 中，不同塑性点对应的强度曲线都相交于理想弹塑性时的围压值处。强度曲线对应的强度包络面在主应力空间如图 2-21 所示。此时随着塑性应变的增大，强度曲线在绕点 M 逆时针旋转，强度包络面和 π 平面相交在垂线 l 的左端时，表现为强度包络面与 π 平面上的交线随塑性应变的增大而收缩，强度包络面和 π 平面相交在垂线 l 的右端时，则表现为强度包络面与 π 平面上的交线随塑性应变的增大而膨胀。

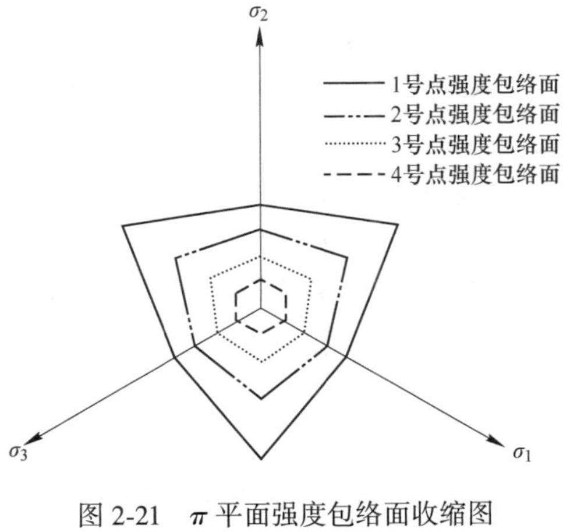

图 2-21 π 平面强度包络面收缩图

由上面分析可知，通过建立岩体强度参数与永久变形之间的关系可以合理描述岩体压缩全过程的特性，反映了岩体峰后强度衰减，随围压增高峰值强度呈线性增加，随围压增高残余强度线性增加，随围压增高由脆性向延性转化。

2.4 峰后 FRMF 本构模型

描述岩体力学行为特征的重要手段之一是建立其本构模型，本构模型是描述连续体材料自身宏观力学特性的数学模型，主要用来反映岩体材料在不同应力状态下其强度和变形之间的关系。在岩体处于峰后阶段其破坏形成的小块体仍具有连续体的特征，而整个大结构已不再具有连续体的结构特征，为此，在分析岩体峰后特性时应分别建立连续体和不连续面相结合的本构模型来描述岩体的自身力学特性。连续体的本构模型应能够反映岩体破坏前后强度和变形的特征（包括峰后强度衰减、永久变形增加等），不连续面模型应该具有可以反映岩体破坏后沿结构面分离和滑移的特征，并且滑移特征应存在滑动面失效的判别标准。

岩体是大自然界广泛存在的一种天然材料，不同的成岩类型、不同的地域、不同的工况其表现出的物理力学特性并不相同，要建立岩体的本构模型需要分析岩体物理力学特性，排除随机干扰因素，如果过于追求与实际精确拟合反而会造成计算过于复杂而无法完成。因此，合理的本构模型应该是能够反映材料的强度特性和变形特征的整体规律，而不是特定的试样。

通过分析岩石峰后特性得到了岩石峰后具有以下特点：

（1）抗压强度随永久变形增大而减小；

（2）可以用强度参数随永久变形的变化描述岩石峰后强度特征；

（3）随着永久变形的增加黏聚力逐渐减小；

（4）随着永久变形增加内摩擦角增大；

（5）随着围压增大抗压强度增大；

（6）随着围压增大压缩曲线呈由弹脆性—应变软化—理想弹塑性—应变硬化发展。

而这些特征的实质是岩石在峰后破坏过程中由破裂演化为内部碎裂流动造成的，故在建立描述岩石上述特性的模型时定义为 FRMF（Fractured Rock Mass Flow）模型，以表达其能描述峰后由于破碎流动而表现的变形和强度特征。

2.4.1 FRMF 与 Mohr-Coulomb 之间的联系

跟 FRMF 本构模型相关的强度参数来源于岩体三轴压缩试验，试验中得到的与岩石力学特征相关的量有：围压 σ_w^1，围压 σ_w^1 时的峰值抗压强度 σ_{cp}^1，围压 σ_w^1

时的残余抗压强度 σ_{cr}^1，围压 σ_w^2，围压 σ_w^2 时的峰值抗压强度 σ_{cp}^2，围压 σ_w^2 时的残余抗压强度 σ_{cr}^2，残余强度时的残余塑性应变 ε_r。

根据 Mohr-Coulomb 强度准则有：

$$\left.\begin{aligned}
\sigma_{cp}^1 &= \frac{1+\sin\varphi_p}{1-\sin\varphi_p}\sigma_w^1 + \frac{2c_p\cos\varphi_p}{1-\sin\varphi_p} \quad (a)\\
\sigma_{cp}^2 &= \frac{1+\sin\varphi_p}{1-\sin\varphi_p}\sigma_w^2 + \frac{2c_p\cos\varphi_p}{1-\sin\varphi_p} \quad (b)\\
\sigma_{cr}^1 &= \frac{1+\sin\varphi_r}{1-\sin\varphi_r}\sigma_w^1 + \frac{2c_r\cos\varphi_r}{1-\sin\varphi_r} \quad (c)\\
\sigma_{cr}^2 &= \frac{1+\sin\varphi_r}{1-\sin\varphi_r}\sigma_w^2 + \frac{2c_r\cos\varphi_r}{1-\sin\varphi_r} \quad (d)
\end{aligned}\right\} \tag{2-5}$$

令

$$\frac{1+\sin\varphi_p}{1-\sin\varphi_p} = K \tag{2-6}$$

$$\frac{2c_p\cos\varphi_p}{1-\sin\varphi_p} = C \tag{2-7}$$

式（2-5（a））和式（2-5（b））则变为

$$\sigma_{cp}^1 = K\sigma_w^1 + C \tag{2-8}$$

$$\sigma_{cp}^2 = K\sigma_w^2 + C \tag{2-9}$$

式（2-8）减式（2-9）得到

$$K(\sigma_w^1 - \sigma_w^2) = (\sigma_{cp}^1 - \sigma_{cp}^2) \tag{2-10}$$

由此可得

$$K = \frac{\sigma_{cp}^1 - \sigma_{cp}^2}{\sigma_w^1 - \sigma_w^2} \tag{2-11}$$

式（2-9）左右两边同乘以 σ_w^1 减去式（2-8）左右两边同乘以 σ_w^2 得到

$$C\cdot(\sigma_w^1 - \sigma_w^2) = \sigma_w^1\cdot\sigma_{cp}^2 - \sigma_w^2\cdot\sigma_{cp}^1 \tag{2-12}$$

可求得

$$C = \frac{\sigma_w^1\cdot\sigma_{cp}^2 - \sigma_w^2\cdot\sigma_{cp}^1}{\sigma_w^1 - \sigma_w^2} \tag{2-13}$$

把式（2-11）代入式（2-6），可以求得

$$\sin\varphi_p = \frac{\sigma_{cp}^1 - \sigma_{cp}^2 - \sigma_w^1 + \sigma_w^2}{\sigma_{cp}^1 - \sigma_{cp}^2 + \sigma_w^1 - \sigma_w^2} \tag{2-14}$$

故

$$\varphi_p = \arcsin\left(\frac{\sigma_{cp}^1 - \sigma_{cp}^2 - \sigma_w^1 + \sigma_w^2}{\sigma_{cp}^1 - \sigma_{cp}^2 + \sigma_w^1 - \sigma_w^2}\right) \tag{2-15}$$

式（2-13）和式（2-15）代入式（2-7）可求得

$$c_p = \frac{\sigma_w^1 \cdot \sigma_{cp}^2 - \sigma_w^2 \cdot \sigma_{cp}^1}{2(\sigma_w^1 - \sigma_w^2)} \cdot \sqrt{\frac{\sigma_w^1 - \sigma_w^2}{\sigma_{cp}^1 - \sigma_{cp}^2}} \tag{2-16}$$

利用相同方法可求得

$$\varphi_r = \arcsin\left(\frac{\sigma_{cr}^1 - \sigma_{cr}^2 - \sigma_w^1 + \sigma_w^2}{\sigma_{cr}^1 - \sigma_{cr}^2 + \sigma_w^1 - \sigma_w^2}\right) \tag{2-17}$$

$$c_r = \frac{\sigma_w^1 \cdot \sigma_{cr}^2 - \sigma_w^2 \cdot \sigma_{cr}^1}{2(\sigma_w^1 - \sigma_w^2)} \cdot \sqrt{\frac{\sigma_w^1 - \sigma_w^2}{\sigma_{cr}^1 - \sigma_{cr}^2}} \tag{2-18}$$

至此建立了 FRMF 本构模型强度参数与 Mohr-Coulomb 强度参数之间的关系。

2.4.2　峰后全过程强度公式的建立

峰后强度公式的建立基于前面分析得到岩体峰后抗压强度随永久变形的变化。

根据图 2-18 假定 φ、c 均为 ε_p 的二次函数，则有

$$\varphi = A + B\varepsilon_p + D \cdot \varepsilon_p^2 \tag{2-19}$$

$$c = M + L\varepsilon_p + N \cdot \varepsilon_p^2 \tag{2-20}$$

式中，A、B、D、M、L、N 均为常数。

φ、c 对 ε_p 的导数分别为：

$$\frac{\partial \varphi}{\partial \varepsilon_p} = B + 2D \cdot \varepsilon_p \tag{2-21}$$

$$\frac{\partial c}{\partial \varepsilon_p} = L + 2N \cdot \varepsilon_p \tag{2-22}$$

在 $\varepsilon_p = 0$ 处有

$$\varphi = \varphi_p \tag{2-23}$$

$$c = c_p \tag{2-24}$$

在 $\varepsilon_p = \varepsilon_r$ 处有

$$\varphi = \varphi_r \tag{2-25}$$

$$c = c_r \tag{2-26}$$

$$\left.\frac{\partial \varphi}{\partial \varepsilon_p}\right|_{\varepsilon_p = \varepsilon_r} = 0 \tag{2-27}$$

$$\left.\frac{\partial c}{\partial \varepsilon_p}\right|_{\varepsilon_p = \varepsilon_r} = 0 \tag{2-28}$$

联合式（2-19）~式（2-28）可以得到

$$A = \varphi_p \tag{2-29}$$

$$M = c_p \tag{2-30}$$

$$A + B \cdot \varepsilon_r + D \cdot {\varepsilon_r}^2 = \varphi_r \tag{2-31}$$

$$M + L \cdot \varepsilon_r + N \cdot {\varepsilon_r}^2 = c_r \tag{2-32}$$

$$B + 2D \cdot \varepsilon_r = 0 \tag{2-33}$$

$$L + 2N \cdot \varepsilon = 0 \tag{2-34}$$

通过计算可以得到

$$B = 2\frac{\varphi_r - \varphi_p}{\varepsilon_r} \tag{2-35}$$

$$D = \frac{\varphi_p - \varphi_r}{{\varepsilon_r}^2} \tag{2-36}$$

$$L = 2\frac{c_r - c_p}{\varepsilon_r} \tag{2-37}$$

$$N = \frac{c_p - c_r}{{\varepsilon_r}^2} \tag{2-38}$$

把式(2-29)、式(2-30)、式(2-35)~式(2-38)代入式(2-19)和式(2-20)，并结合充分破坏后的强度特征，得到了基于 Mohr-Coulomb 强度理论的岩石峰值强度后阶段变形过程中强度参数的变化规律为下式

$$\left.\begin{array}{l}\left.\begin{array}{l}\varphi = \varphi_p + 2(\varphi_r - \varphi_p) \cdot \dfrac{\varepsilon_p}{\varepsilon_r} + (\varphi_p - \varphi_r) \cdot \left(\dfrac{\varepsilon_p}{\varepsilon_r}\right)^2 \\ c = c_p + 2(c_r - c_p) \cdot \dfrac{\varepsilon_p}{\varepsilon_r} + (c_p - c_r) \cdot \left(\dfrac{\varepsilon_p}{\varepsilon_r}\right)^2\end{array}\right\}(\varepsilon_r \geqslant \varepsilon_p > 0)\quad(a) \\ \left.\begin{array}{l}\varphi = \varphi_r \\ c = c_r\end{array}\right\}(\varepsilon_p > \varepsilon_r)\quad(b)\end{array}\right\} \tag{2-39}$$

式（2-39（a））描述了岩体峰值强度前及峰值强度后至充分破坏时其 Mohr-Coulomb 强度参数和永久变形间的关系，式（2-39（b））描述了岩体充分破坏后其 Mohr-Coulomb 强度参数和永久变形间的关系。

在分析中认为围压小于抗压强度，则基于 Mohr-Coulomb 强度理论有

$$\sigma_c = \frac{1 + \sin\varphi}{1 - \sin\varphi}\sigma_w + \frac{2c\cos\varphi}{1 - \sin\varphi} \tag{2-40}$$

式（2-14）~式（2-18）与式（2-39（a））联合求解并代入式（2-40）可以得到式（2-41）。

式（2-17）、式（2-18）与式（2-39（b））联合求解并代入式（2-40）可以得到式（2-42）。

$$\sigma_c=\frac{\left\{\dfrac{\sin\dfrac{\arcsin\dfrac{\sigma_{cp}^1-\sigma_{cp}^2-\sigma_w^1+\sigma_w^2}{\sigma_{cp}^1-\sigma_{cp}^2+\sigma_w^1-\sigma_w^2}\cdot(\varepsilon_r-\varepsilon_p)^2+\arcsin\dfrac{\sigma_{cr}^1-\sigma_{cr}^2-\sigma_w^1+\sigma_w^2}{\sigma_{cr}^1-\sigma_{cr}^2+\sigma_w^1-\sigma_w^2}\cdot(2\varepsilon_r-\varepsilon_p)\cdot\varepsilon_p}{{\varepsilon_r}^2}+1}{1-\sin\dfrac{\arcsin\dfrac{\sigma_{cp}^1-\sigma_{cp}^2-\sigma_w^1+\sigma_w^2}{\sigma_{cp}^1-\sigma_{cp}^2+\sigma_w^1-\sigma_w^2}\cdot(\varepsilon_r-\varepsilon_p)^2+\arcsin\dfrac{\sigma_{cr}^1-\sigma_{cr}^2-\sigma_w^1+\sigma_w^2}{\sigma_{cr}^1-\sigma_{cr}^2+\sigma_w^1-\sigma_w^2}\cdot(2\varepsilon_r-\varepsilon_p)\cdot\varepsilon_p}{{\varepsilon_r}^2}}\cdot\sigma_w+\dfrac{\left[(\sigma_{cp}^2\cdot\sigma_w^1-\sigma_{cp}^1\cdot\sigma_w^2)\cdot\sqrt{\dfrac{\sigma_w^1-\sigma_w^2}{\sigma_{cp}^1-\sigma_{cp}^2}}\cdot(\varepsilon_r-\varepsilon_p)^2+(\sigma_{cr}^2\cdot\sigma_w^1-\sigma_{cr}^1\cdot\sigma_w^2)\cdot\sqrt{\dfrac{\sigma_w^1-\sigma_w^2}{\sigma_{cr}^1-\sigma_{cr}^2}}\cdot(2\varepsilon_r-\varepsilon_p)\cdot\varepsilon_p\right]\cdot\cos\dfrac{\arcsin\dfrac{\sigma_{cp}^1-\sigma_{cp}^2-\sigma_w^1+\sigma_w^2}{\sigma_{cp}^1-\sigma_{cp}^2+\sigma_w^1-\sigma_w^2}\cdot(\varepsilon_r-\varepsilon_p)^2+\arcsin\dfrac{\sigma_{cr}^1-\sigma_{cr}^2-\sigma_w^1+\sigma_w^2}{\sigma_{cr}^1-\sigma_{cr}^2+\sigma_w^1-\sigma_w^2}\cdot(2\varepsilon_r-\varepsilon_p)\cdot\varepsilon_p}{{\varepsilon_r}^2}}{{\varepsilon_r}^2\cdot(\sigma_w^1-\sigma_w^2)}\right\}}{1-\sin\dfrac{\arcsin\dfrac{\sigma_{cp}^1-\sigma_{cp}^2-\sigma_w^1+\sigma_w^2}{\sigma_{cp}^1-\sigma_{cp}^2+\sigma_w^1-\sigma_w^2}\cdot(\varepsilon_r-\varepsilon_p)^2+\arcsin\dfrac{\sigma_{cr}^1-\sigma_{cr}^2-\sigma_w^1+\sigma_w^2}{\sigma_{cr}^1-\sigma_{cr}^2+\sigma_w^1-\sigma_w^2}\cdot(2\varepsilon_r-\varepsilon_p)\cdot\varepsilon_p}{{\varepsilon_r}^2}}\tag{2-41}$$

令 $L=(\sigma_{cp}^2\cdot\sigma_w^1-\sigma_{cp}^1\cdot\sigma_w^2)\cdot\sqrt{\dfrac{\sigma_w^1-\sigma_w^2}{\sigma_{cp}^1-\sigma_{cp}^2}}$，$M=(\sigma_{cr}^2\cdot\sigma_w^1-\sigma_{cr}^1\cdot\sigma_w^2)\cdot\sqrt{\dfrac{\sigma_w^1-\sigma_w^2}{\sigma_{cr}^1-\sigma_{cr}^2}}$，$N=\arcsin\dfrac{\sigma_{cp}^1-\sigma_{cp}^2-\sigma_w^1+\sigma_w^2}{\sigma_{cp}^1-\sigma_{cp}^2+\sigma_w^1-\sigma_w^2}$，$O=\arcsin\dfrac{\sigma_{cr}^1-\sigma_{cr}^2-\sigma_w^1+\sigma_w^2}{\sigma_{cr}^1-\sigma_{cr}^2+\sigma_w^1-\sigma_w^2}$，$P=\sigma_w^1-\sigma_w^2$，则

$$\sigma_c=\frac{\dfrac{\left[L\cdot(\varepsilon_r-\varepsilon_p)^2+M\cdot(2\varepsilon_r-\varepsilon_p)\cdot\varepsilon_p\right]\cdot\cos\dfrac{N\cdot(\varepsilon_r-\varepsilon_p)^2+O\cdot(2\varepsilon_r-\varepsilon_p)\cdot\varepsilon_p}{\varepsilon_r^{\ 2}}}{\varepsilon_r^{\ 2}\cdot P}+\left[\sin\dfrac{N\cdot(\varepsilon_r-\varepsilon_p)^2+O\cdot(2\varepsilon_r-\varepsilon_p)\cdot\varepsilon_p}{\varepsilon_r^{\ 2}}+1\right]\cdot\sigma_w}{1-\sin\dfrac{N\cdot(\varepsilon_r-\varepsilon_p)^2+O\cdot(2\varepsilon_r-\varepsilon_p)\cdot\varepsilon_p}{\varepsilon_r^{\ 2}}} \tag{2-42}$$

联合式(2-41)和式(2-42)得到了岩体整个变形过程中的强度计算公式

$$\sigma_c=\begin{cases}\dfrac{\dfrac{\left[L\cdot(\varepsilon_r-\varepsilon_p)^2+M\cdot(2\varepsilon_r-\varepsilon_p)\cdot\varepsilon_p\right]\cdot\cos\dfrac{N\cdot(\varepsilon_r-\varepsilon_p)^2+O\cdot(2\varepsilon_r-\varepsilon_p)\cdot\varepsilon_p}{\varepsilon_r^2}}{\varepsilon_r^2\cdot P}+\left[\sin\dfrac{N\cdot(\varepsilon_r-\varepsilon_p)^2+O\cdot(2\varepsilon_r-\varepsilon_p)\cdot\varepsilon_p}{\varepsilon_r^2}+1\right]\cdot\sigma_w}{1-\sin\dfrac{N\cdot(\varepsilon_r-\varepsilon_p)^2+O\cdot(2\varepsilon_r-\varepsilon_p)\cdot\varepsilon_p}{\varepsilon_r^2}} & (\varepsilon_p<\varepsilon_r)\\[2ex] \dfrac{(\sigma_{cr}^2\cdot\sigma_w^1-\sigma_{cr}^1\cdot\sigma_w^2)+2(\sigma_{cr}^1-\sigma_{cr}^2)\cdot\sigma_w}{2(\sigma_w^1-\sigma_w^2)} & (\varepsilon_p>\varepsilon_r)\end{cases} \tag{2-43}$$

据式（2-43）可知，岩体无论峰前还是峰后，其抗压强度与围压都呈正比关系，峰前围压为零时岩体具有特定的抗压强度，而峰后充分破坏后围压为零时抗压强度为零。

根据约定 $\sigma_1>\sigma_2>\sigma_3$，则有

$$\sigma_c = \sigma_1 \tag{2-44}$$

$$\sigma_w = \sigma_3 \tag{2-45}$$

式（2-43）中 σ_w 换为 σ_3，并且减去 σ_1 得到的函数记为 $f(\sigma_1, \sigma_3, \varepsilon_p)$。

2.4.3　FRMF 本构模型在数值计算中的实现

假设材料的破坏致使其强度变化在各个方向上相同，则其破坏面的表述变为

$$f(\sigma_1, \sigma_3, \varepsilon_p) = 0 \tag{2-46}$$

对于目前岩土工程中应用的大型计算软件 FLAC 和 UDEC 都存在基于 Mohr-Coulomb 强度准则的本构模型[185-190]，利用强度参数 σ_{cp}^1、σ_{cr}^1、σ_w^1、σ_{cp}^2、σ_{cr}^2、σ_w^2 和 ε_r 可以使其关联，实现 FRMF 本构在数值计算中的应用，本构方程采用增量形式。

为了在数值计算中应用方便，参考 UDEC 手册[186]，ε_p 的计算采用下式：

$$\Delta\varepsilon_p = \frac{1}{\sqrt{2}}\sqrt{(\Delta\varepsilon_p^1 - \Delta\varepsilon_p^m)^2 + (\Delta\varepsilon_p^m)^2 + (\Delta\varepsilon_p^3 - \Delta\varepsilon_p^m)^2} \tag{2-47}$$

这里 $\Delta\varepsilon_p^m$ 是体积塑性剪切应变增量，$\Delta\varepsilon_p^m = \frac{1}{3}(\Delta\varepsilon_p^1 + \Delta\varepsilon_p^3)$。

应变增量分解为弹性应变增量和塑性应变增量：

$$\Delta\overline{\varepsilon_i} = \Delta\overline{\varepsilon_i^e} + \Delta\overline{\varepsilon_i^p} \tag{2-48}$$

弹性应变增量和应力增量间的关系：

$$\Delta\overline{\sigma_i} = S_i(\Delta\overline{\varepsilon_n^e}) \quad (i = 1, \cdots, n) \tag{2-49}$$

式中，S_i 为弹性应变增量 $\Delta\overline{\varepsilon_n^e}$ 的线性函数。

流动法则规定塑性应变增量矢量的方向为势面 $g(\overline{\sigma_n})$ = 常数的法向，即

$$\Delta\overline{\varepsilon_i^p} = \lambda\frac{\partial g}{\partial\overline{\sigma_i}} \tag{2-50}$$

式中，λ 为常数。

势函数 g^s 形式为

$$g^s = \sigma_1 - \sigma_3 N_\psi \tag{2-51}$$

这里，ψ 是膨胀角，并且

$$N_\psi = \frac{1 + \sin\psi}{1 - \sin\psi} \tag{2-52}$$

势函数 g^t 的形式为

$$g^t = -\sigma_3 \tag{2-53}$$

后续计算等同于 UDEC 和 FLAC 的理论[185-190]。

至此完成了 FRMF 本构模型的整体计算实现。

2.5 FRMF 本构模型峰后特性的验证

验证本构模型的合理方法之一是利用数值计算模拟岩石试件的三轴压缩特性，为了验证该本构模型能合理描述岩体峰后的强度特性和变形特征，本节通过模拟不同围压下岩石试件三轴压缩的应力-应变全程曲线进行分析。

利用数值计算模拟试验台不同围压条件下三轴压缩试验，模型尺寸为 100 mm×100 mm×200 mm，进行静载试验，计算中以位移作为加载控制变量。材料力学参数见表 2-1。

表 2-1 材料的力学参数表

E/GPa	ν	σ_{cp}^1/MPa	σ_{cr}^1/MPa	σ_w^1/MPa	σ_{cp}^2/MPa	σ_{cr}^2/MPa	σ_w^2/MPa	ε_r/10^{-3}
18.9	0.2	20	0	0	180	180	80	6.23

图 2-22 为利用数值计算模拟得到的岩石试件在不同围压下压缩的试验结果，围压为零时即为单轴压缩试验，峰值应力为单轴抗压强度。不同围压下三轴压缩应力-应变曲线的峰前段形态相同，均为线弹性，且弹性模量相同。峰后曲线段

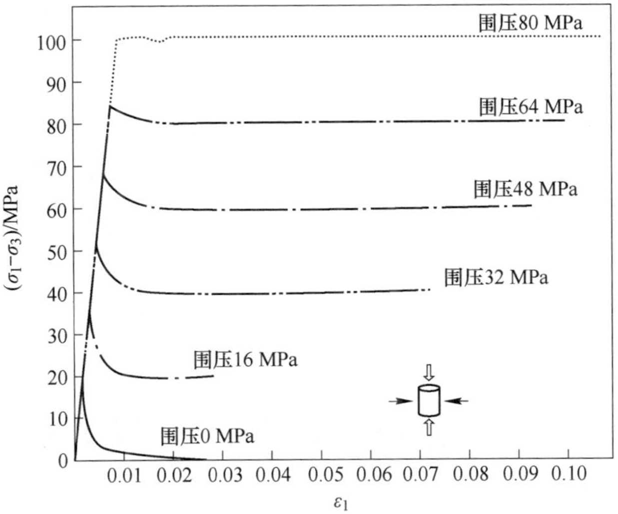

图 2-22 用数值仿真模拟的不同围压岩石三轴压缩应力-应变曲线

形态差别非常突出，单轴压缩时峰后曲线很陡，表现为典型的脆性特征；围压增高时试件峰值应力可以维持在某一值而变形增加，表现出典型的延性特征；当围压进一步增加延性段不断突出，甚至表现出理想弹塑性特征。

图 2-23 是通过数值计算得到的围压为 0 MPa 情况下试件的加卸载应力-应变全程曲线。从图 2-23 中可以看出该模型能够描述加载载荷超过岩体强度极限后继变形的特征，在整个峰后变形过程中弹性模量一直保持不变，强度在降低，最后到零值。且据图可知该模型可以合理描述岩体加卸载过程的实际情况。

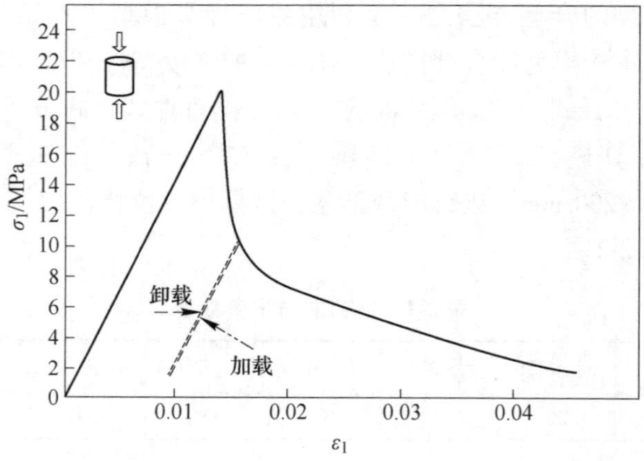

图 2-23　用数值仿真模拟岩石循环加卸载曲线

由于该模型能够从宏观角度合理地描述岩体峰后的全程应力-应变关系，且反映了在岩体破坏过程中岩体的强度和变形一直是动态变化的客观事实，属于典型的弹-脆-延-塑性本构模型，其应力-应变特征曲线如图 2-22 所示。当材料处于峰前阶段时，应力-应变曲线是线性的；当材料进入峰后阶段，岩石的强度随着塑性应变增量的累加发生了改变，其应力-应变曲线表现出在低围压下存在明显的应力跌落，而在高围压下则表现出明显的延性；对于特定的围压，当岩石材料的塑性应变达到临界塑性应变后，岩石的强度趋于某一稳定值，反映了岩体变形碎裂流动本质的宏观特征。所以，该模型可较好地反映岩体不同围压下的不同破坏方式所表现出不同的应力-应变关系。此外，该模型在模拟岩体重复加卸载时具有良好的稳定性。

2.6　岩体峰后特性研究的意义与理论贡献

深部巷道围岩在地应力、开采扰动等复杂条件作用下，通常处于峰后变形破坏状态，其力学行为显著不同于弹塑性阶段的岩体。通过对不同岩石试件三轴压缩特性的系统研究，本章揭示了岩石峰后阶段的强度变化规律与变形特性，建立了涵盖峰后全过程的强度计算公式和本构模型，并利用数值计算验证了模型的合理性和适用性。

本章的研究表明，深部巷道围岩的峰后变形本质是岩体从破裂向碎裂流动发展的过程，其主要特征表现为非连续体结构的逐步演化。通过实验与理论分析，明确了岩体峰后特性的以下规律：

（1）岩体强度衰减规律。岩体峰后强度随围压的增加呈现显著的变化特征，包括低围压下的脆性行为和高围压下的延塑性行为。峰值抗压强度和残余抗压强度均随围压线性增加，而两者的差值也与围压呈线性关系，这为理解峰后阶段岩体力学特性提供了定量依据。

（2）塑性应变对强度的影响。试验表明，岩体在同一塑性应变条件下，其强度变化规律符合经典的 Mohr-Coulomb 强度准则，而峰后强度则随塑性应变的增大表现为主应力平面上的强度曲线绕固定点逆时针旋转，进一步揭示了岩体强度演化的几何特性。

（3）FRMF 模型构建与验证。基于三轴压缩应力-应变曲线，本章提出了利用两组关键点确定岩体峰后强度变化的方法，并结合 9 个相关物理量构建了 FRMF 本构模型。模型合理地反映了岩体从弹性阶段、塑性阶段直至峰后残余阶段的全过程特性，为后续研究深部巷道围岩稳定性控制提供了坚实的理论支撑。

通过本章的研究，明确了深部巷道围岩峰后变形的力学本质和演化规律，建立的强度公式与本构模型不仅填补了岩体峰后特性描述的理论空白，也为数值模拟与实际工程的巷道支护设计提供了可靠的理论基础。

3 峰后大变形巷道围岩与支护平衡特征

3.1 引 言

巷道稳定性是煤矿开采中至关重要的研究课题，其稳定性不仅受到围岩力学特性、工程地质条件、支护设计等因素的影响，还与开采深度、采动效应及时间演化等密切相关。在深部开采过程中，许多巷道围岩早已进入峰后破碎状态，并形成不连续体结构。在这种情况下，围岩自身难以维持稳定，必须依赖支护措施来确保巷道的安全性和稳定性。然而，不同围岩条件、不同的应力特征及不同的变形阶段，使得巷道围岩在不同情况下对支护力的需求存在显著差异，因此，如何有效把握巷道围岩与支护之间的平衡关系，已成为巷道设计与支护技术研究的关键问题。

目前，关于巷道围岩-支护平衡的研究，主要集中在围岩峰值强度前的支护力与围岩位移之间的反变关系。基于 Kastner 方程的研究表明，支护力与位移之间成反比，这一结论为巷道支护设计提供了重要理论依据。然而，Kastner 方程的应用局限于理想弹塑性本构模型，并未考虑到巷道围岩在经历破裂、断裂、破碎、松动等过程后结构发生的变化，也未充分考虑岩体强度衰减、膨胀效应等因素的影响。因此，现有的理论难以适应深部巷道围岩在峰后变形阶段复杂的力学行为和支护需求，急需进一步研究巷道围岩在峰后大变形阶段与支护力之间的平衡特征。

为深入研究巷道围岩在峰后大变形过程中与支护力之间的平衡特征，本章结合实验力学、计算力学与现场试验，采用物理模拟、数值模拟及现场监测等多手段，综合分析巷道围岩的变形特征和支护力变化规律。实验力学作为研究岩土工程问题的传统手段，能够通过缩小试验模型并模拟实际物理过程，从而观察到巷道围岩-支护相互作用的主要特征。通过物理模拟实验，可以较为直观地再现不同应力条件、围岩强度和巷道断面等因素下，围岩与支护系统相互作用的全过程，进而揭示其平衡规律。

计算力学则利用现代电子计算机和数值方法，根据力学理论模型对巷道围岩与支护力之间的关系进行定量分析。结合物理模拟实验的结果，可以建立更加精准的数值模型，以模拟巷道在实际工况下的变形过程及其支护需求。通过数值计算，可以深入分析在不同变形阶段下，围岩强度、支护力和位移之间的动态变化特征，并进一步探索支护设计优化的理论基础。

本章将系统研究巷道围岩在峰后变形阶段的力学特性与支护需求，重点分析围岩的破裂、破碎及松动等过程对巷道稳定性的影响，提出适用于复杂条件下的巷道围岩-支护平衡理论，并通过物理模拟与数值模拟相结合的方式，探讨不同工况下支护力与围岩位移的关系及其规律。通过模拟结果的对比分析，力图为巷道支护设计和围岩控制提供更加精确的理论依据与技术支持。

3.2 物理相似模拟试验

3.2.1 物理模拟材料配比的确定

岩体是一种抗压不抗拉的天然材料，其具有典型的脆性材料特征，近年来由于地质力学模型的出现使得脆性材料结构模型试验的研究有了新的突破，其研究的内容已远超“实验应力分析”的范畴。

相似材料配比的合理与否是物理相似模拟试验成败的关键，岩体材料在力学性能上类似于混凝土材料，但在地质工程中岩体材料区别混凝土材料的物理特性上主要在于其内部存在大量的孔隙、微裂隙和构造，这使得岩体材料与混凝土在力学性能上产生了区别，为此，在配制相似模拟材料中预制微裂隙和孔隙以达到材料物理特性的相似可以有效地模拟岩体材料，并能充分体现岩体地下工程中围岩的脆性及其大变形破裂、破坏、破碎的特性。本次试验采用了新的相似材料配比，配比材料为石子（粒径 3~6 mm）、细沙（0.25~0.35 mm）、石膏、水、硼砂，试验配比方案见表 3-1。

表 3-1 试验相似模拟材料配比表

试验编号	配比			备注
	石子/100%	石膏/100%	沙子/100%	
试验 1	0.5	0.5	0	配比材料按质量计算
试验 2	0.6	0.4	0	
试验 3	0.67	0.33	0	
试验 4	0.33	0.33	0.33	
试验 5	0.29	0.29	0.43	
试验 6	0.25	0.25	0.5	
试验 7	0.44	0.11	0.44	
试验 8	0.4	0.2	0.4	
试验 9	0.46	0.08	0.46	
试验 10	0.31	0.08	0.61	
试验 11	0.32	0.05	0.63	
试验 12	0.48	0.05	0.48	
试验 13	0.49	0.02	0.49	

据表 3-1 可知试验配比中按照质量计算，石子所占比例范围为 25%~67%，石膏所占比例范围为 2%~50%，沙子所占比例范围为 0~63%。

制作相似模拟材料时首先按方案称重各配比材料的质量，随后拌匀沙子和石膏，对石子表面黏附一层薄机油使其不易与沙子黏结（仿真岩体内部裂隙），随后拌匀石子、沙子和石膏，拌匀后逐渐添加带硼砂的清水并搅拌直至材料可以成型，放入标准模具中待成型后取出风干。

图 3-1 为按照相似模拟制定方案配比制作的试件图。据图 3-1 可知，成型的试件中除了第 1 组和第 2 组试件外，其余每组都保证至少有 3 个试件，基本杜绝了出现由于样本不足而带来试验数据误差偏大的问题。

图 3-1　不同配比模拟材料试件

图 3-2 为试件压缩破坏后的断面结构图。从图 3-2 中可以看出，相似配比材料中石子相对试件尺寸的大小及破坏后表面石子并未黏附大量沙子和石膏成分，保证了材料在破坏中裂纹的张开和扩展沿石子表面开始开裂和贯通，其破坏相似程度与现场接近。

图 3-2　试件破坏后断面结构图

图 3-3 为试件在单轴压缩下的破坏形态。从图 3-3 中可以明显地看出，试件存在拉伸破坏和剪切破坏两种模式，这表明不同配比条件下试件的脆性不同，压拉比大的情况下试件在单轴压缩下表现为图 3-3（a）所示的破断形式，压拉比较小的情况下则表现为图 3-3（b）所示破断形式。图 3-3（a）中试件破坏面与试件轴向方向基本平行，且存在多个破坏面，这种破坏属于硬岩典型的拉应力破坏，图 3-3（b）中试件的破坏面基本与试件轴向方向呈 60°夹角，根据 Mohr-Coulomb 准则可知其为典型的压剪式破坏。试验结果见表 3-2。

(a) (b)

图 3-3 试件在单轴压缩下的破坏形态

表 3-2 相似模拟材料配比试验结果

试验编号	配比			试验结果	
	石子/100%	石膏/100%	沙子/100%	ρ/kg · m^{-3}	σ_c/MPa
1	0.5	0.5	0	1910	4.72
2	0.6	0.4	0	1937	2.88
3	0.67	0.33	0	2026	1.24
4	0.33	0.33	0.33	1940	3.68
5	0.29	0.29	0.43	**2105**	4.08
6	0.25	0.25	0.5	2085	3.88
7	0.44	0.11	0.44	**2173**	1.28
8	0.4	0.2	0.4	2056	2.68
9	0.46	0.08	0.46	2078	0.48
10	0.31	0.08	0.61	2099	2.04
11	0.32	0.05	0.63	2099	0.63
12	0.48	0.05	0.48	**2186**	0.6
13	0.49	0.02	0.49	2028	0.13

试验结果表明，所配材料视密度范围为 1910~2186 kg/m³，相比以往沙土、石膏、石灰的配比材料密度较大。抗压强度范围在 0.13~4.72 MPa，表明在合理的配比条件下可以模拟相当大范围现场实际岩体的强度特征，例如在应力相似比为 1∶30 的情况下，可模拟岩体抗压强度范围为 3.9~141.6 MPa，基本涵盖煤矿沉积岩地层常见岩体。

为了能清楚了解石子、沙子和石膏对相似配比材料强度和密度的影响，绘制材料强度、密度与石子、沙子所占比例云图，以及试件强度与石膏所占比例相对关系曲线，并通过对比分析，研究其相对关系及变化趋势。

图 3-4 为试件抗压强度与材料配比中石子比例、沙子比例关系的云图。从图 3-4 中可以看出强度等值线与石子比例坐标轴夹角约为 61°，与沙子比例坐标轴夹角为 29°，石子和沙子对材料抗压强度的影响比值为 1.8（sin61°/sin29°），故改变相似模拟材料强度梯度最大的配比为石子和沙子的质量比为 9∶5。随着石子和沙子在材料中比例的增大材料的抗压强度减小。

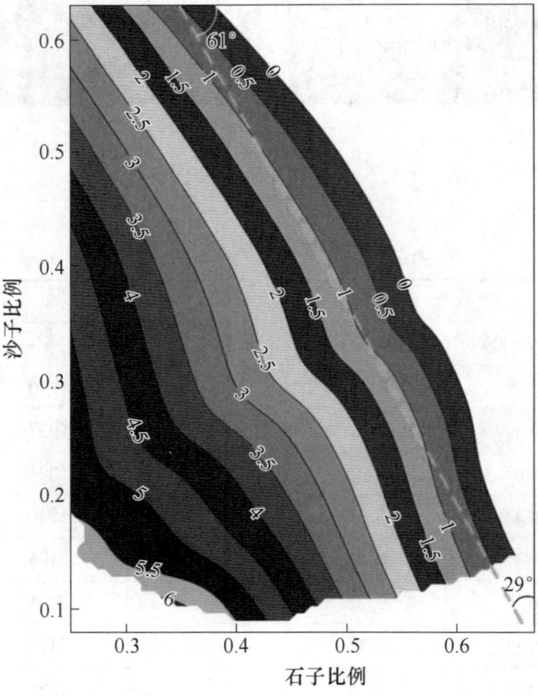

图 3-4　材料强度与石子、沙子所占比例关系

图 3-5 为试件视密度与材料配比中石子比例、沙子比例关系的云图。据图 3-5 可知，从走势上看，随着石子比例和沙子比例所占分量的增加材料的密度逐渐增加，其中石子比例对材料密度的影响大于沙子比例造成的影响。云图中密度等值

线与石子所占比例坐标轴夹角约为 56°，与沙子所占比例坐标轴夹角约为 34°，由此可知石子和沙子对材料密度的影响比值为 1.5（sin56°/sin34°），故要使相似模拟材料密度变化梯度最大应该保持 3 : 2，即图中线 *AB*。

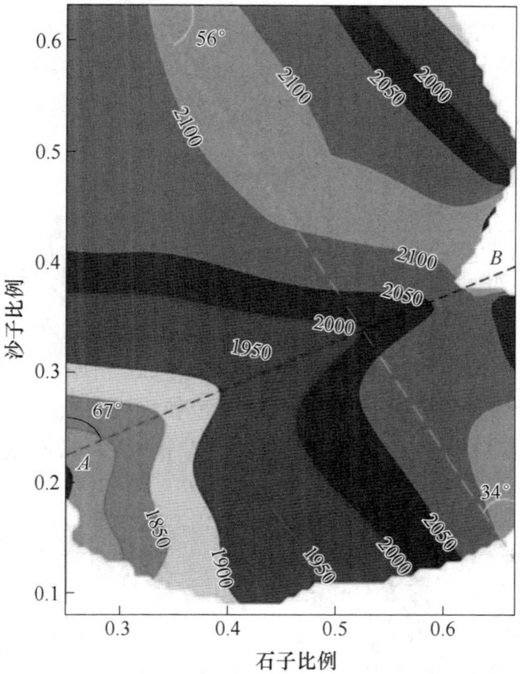

图 3-5 材料视密度与石子、沙子所占比例关系

图 3-6 为试件抗压强度随石膏所占比例变化曲线，分别包括含沙组和不含沙组，根据分析结果可以知道，两类曲线都随着石膏含量的增加抗压强度逐渐增大，增大趋势为抛物线类型，同石膏比例条件下含沙组试件抗压强度低。

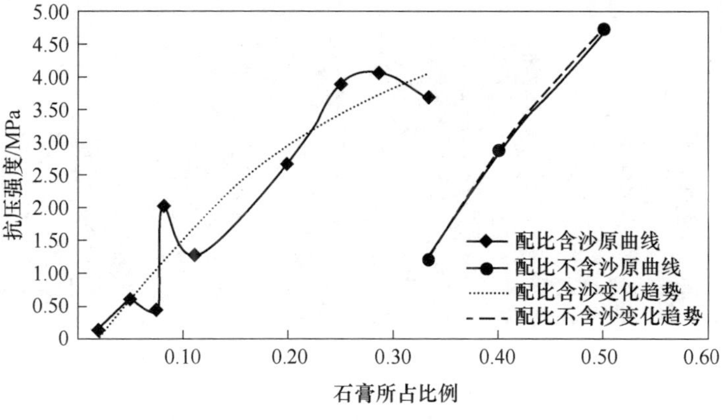

图 3-6 试件抗压强度随石膏所占比例变化曲线

综合前面研究分析，对于本书采用的物理模拟材料选择石子、沙子、石膏配比材料，岩体抗压强度选择约为 25 MPa、10 MPa、2.5 MPa，几何相似比为 1∶20，容重相似比为 0.8，故在试验中选定抗压强度在 1.24 MPa、0.48 MPa、0.13 MPa 的相似材料，查试验结果可知，第 3 组抗压强度为 1.24 MPa，第 9 组抗压强度为 0.48 MPa，第 13 组抗压强度为 0.13 MPa，其配比分别为石子 67%、沙子 0、石膏 33%，石子 46%、沙子 46%、石膏 8%，以及石子 49%、沙子 49%、石膏 2%。

3.2.2　支护力和变形量可调试验支架的研制

在通过物理模型研究巷道围岩-支护平衡规律中，其中一个关键的装置是支护力和变形量可调试验支架。分别针对圆形和矩形断面巷道设计支架，圆形巷道模型支架直径为 20 cm，矩形巷道模型支架跨度和高度为 20 cm，支架长度为 15 cm，可调量为巷道模型尺寸的 50%，模型支护设计强度为 0～1.5 MPa，应力相似比 1∶20 条件下模拟实际工程支护强度范围为 0～30 MPa。支架组件包括：圆钢管、钢背板、调节螺杆、压力传感器、万向头及标尺等。支架图如图 3-7 所示。

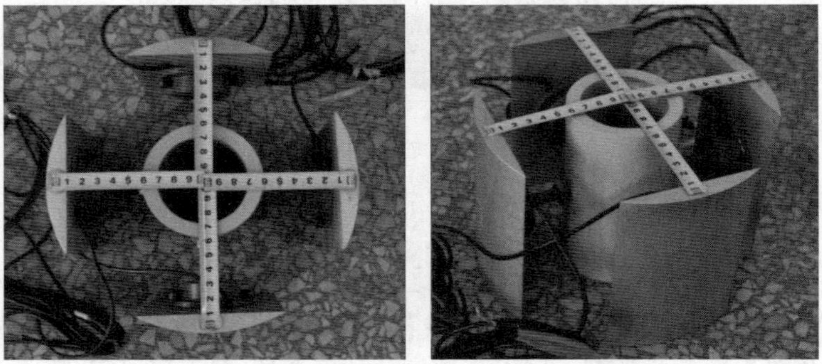

(a)

(b)

图 3-7　支护力和变形量可调支架实物图

（a）圆形；（b）矩形

从图 3-7 中可以看出，对于支架来说，通过调节螺杆可以控制圆钢管和钢背板之间的距离，这样在巷道支护中，可以通过螺杆来调节支架的尺寸，从而匹配巷道的变形和位移，支架对巷道围岩的支护力可以通过支架上的压力传感器传输到电脑上。

3.2.3 物理模拟试验方案

3.2.3.1 试验方案设计

在制定物理模拟试验方案上考虑巷道的形状、岩体结构的层状特性、岩体强度特性及应力场特征。巷道断面形状上分别设计巷道断面为圆形和矩形，岩体结构上设计考虑单一均质厚岩层和多层薄岩层结构两种类型，岩体强度特征分别考虑 25 MPa、10 MPa 和 2.5 MPa，岩体应力场选择为 20 MPa（按埋深 800 m 考虑）。试验中通过控制巷道表面围岩位移（即通过逐渐缩小支架直径或者跨度的方法），来测随着位移的变化巷道维持平衡所需的支护力大小以获得围岩-支护平衡规律及特征。

试验设计三种方案见表 3-3。

表 3-3 物理模拟试验方案

试验方案编号	岩体赋存形式	岩体抗压强度/MPa	巷道断面	试验步骤	观测内容
方案一	多层薄层状岩体	25	矩形	收缩支架→平衡→记录数据	1. 巷道表面围岩位移-支护力变化数据； 2. 巷道围岩裂纹扩展、围岩断裂、破碎现象； 3. 围岩结构特征； 4. 岩层结构变化特征
		10			
方案二	单一、均质厚岩体	2.5	矩形		
方案三	多层薄层状岩体	10	圆形		
		2.5			

试验中圆形巷道直径为 200 mm，矩形巷道跨度和高度均为 200 mm，模拟现场中巷道的断面尺寸分别为 4 m 直径的圆形巷道和高宽分别为 4 m 的矩形巷道，模型岩层厚度均为 50 mm，模拟现实岩层厚度为 1 m，试验一和试验三岩层软硬交替。

3.2.3.2 模型材料及配比

设计巷道埋深为 800 m，岩体强度特征为 25 MPa、10 MPa 和 2.5 MPa。根据试验台条件确定几何相似比为 $C_l = 1/20$，容重相似比为 $C_\gamma = 20/25 = 0.8$，应力相似比为 $C_\alpha = C_l \times C_\gamma = 0.8/20 = 0.04$；时间相似比 $C_t = \sqrt{C_l} = 0.2236$。

3.2.3.3　试验装置

选用实验室现有的长×高×宽=1600 mm×1600 mm×160 mm 的平面应变试验装置。试验台的后部和底板用 16 号槽钢约束，前部采用厚 20 mm 的有机玻璃板+槽钢约束，模型顶部和侧边采用油缸加压，顶部采用 4 个油缸，侧边各 4 个油缸，油缸活塞直径 $\phi 80$ mm，最大油压 $P_{max油}$ 为 25 MPa。

油缸油压与模型加压的换算：

单个油缸活塞面积　$S_{油} = \dfrac{\pi\phi^2}{4} = \dfrac{3.14 \times 0.08^2}{4} = 0.005024\ \mathrm{m^2}$

单边油缸活塞总面积　$S_{油总} = 4S_{油} = 4 \times 0.005024 = 0.020096\ \mathrm{m^2}$

模型各面面积　$S = S_{顶} = S_{侧} = l_{长} \cdot l_{厚} = 1.6 \times 0.16 = 0.256\ \mathrm{m^2}$

模型所加压力　$P_{压} = P_{油压} \cdot \dfrac{S_{油总}}{S} = 0.0785P_{油压}$

模型最大加压　$P_{压max} = 0.0785 \cdot P_{max油} = 0.0785 \times 25 = 1.9625\ \mathrm{MPa}$

故油压和模型压力的换算系数为 0.0785，模型最大可加压力强度为 1.9625 MPa。

图 3-8 为试验模型、加载平台及测试设备图。

(a)　　(b)

图 3-8　双向加压平面应变试验装置

（a）模型正面；（b）模型背面

按设计加压 20 MPa 的应力场计算，模型所加的压力为

$$P_{压} = C_a \cdot P_{原} = 0.04 \times 20 = 0.8\ \mathrm{MPa}$$

所加油压为

$$P_{油压} = \frac{P_{压}}{0.0785} = \frac{0.8}{0.0785} = 10.2\ \text{MPa}$$

故油缸油压应保持为 10.2 MPa。

支护力大小的测定根据支架上装设的压力传感器读数来计算支架支护力的大小，压力传感器所获得的数据为应变，其通过静态应变传感器传输到电脑，再通过应变换算支架支护强度。

实际巷道支护力

$$F' = \frac{F}{C_a}$$

支护强度

$$P = \frac{F'}{S}$$

式中，S 为相似模型巷道表面面积，对应实际巷道表面面积的 1/4。

3.2.4　物理模拟过程及结果

为了能弄清巷道围岩-支护相互作用的规律，在相似模拟试验和数值模拟试验中记录围岩变形过程中不同时机的围岩变形和破坏情况，以及相应的支护力大小。

试验步骤为先开挖巷道，随后放进变形量可调支架，对支架进行应力调零和平衡，之后利用油压对模型施加顶压和侧压模拟原始应力场。待应力场稳定后（维持模型油缸压力，通过观察油缸压力保持不变后即认为原始应力场稳定）逐渐缩小支架尺寸，待支架力稳定后记录巷道表面位移和支架支护力，并利用相机拍摄围岩位移-支护力稳定时的围岩变形和破坏情况，随后继续调节支架尺寸，反复操作以获得不同围岩变形量下巷道围岩变形量与支护力的关系。

3.2.4.1　方案一试验结果

A　围岩位移及破坏情况

图 3-9 为方案一巷道围岩变形过程中不同变形量下围岩的变形及破坏情况。

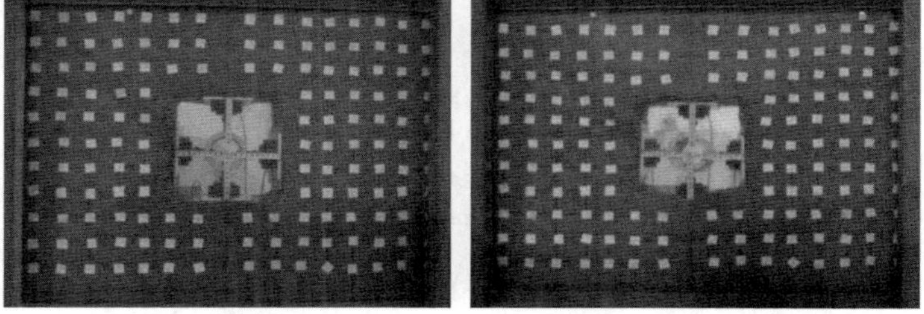

(a)　(b)

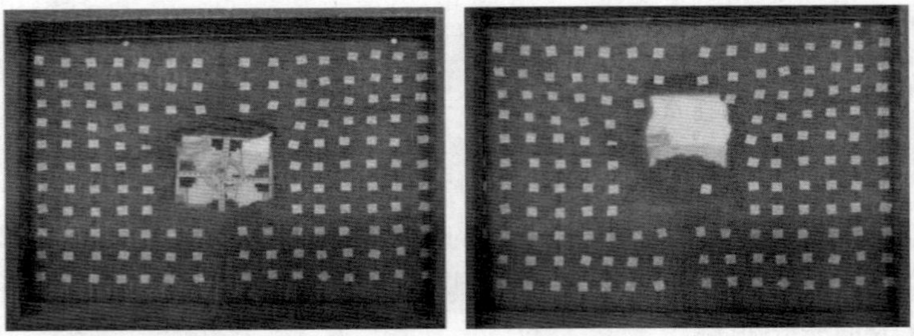

(c)　　(d)

图 3-9　方案一巷道围岩变形过程中不同变形量下围岩的变形及破坏情况

（a）断面收缩 21 cm；（b）断面收缩 41 cm；（c）断面收缩 122 cm；（d）撤去支护后

从围岩变形图 3-9 可知巷道表面围岩破坏程度最大，裂隙面呈现近似平行巷道表面的形态，向深部逐渐演化为近似圆形的破坏圈，随着深度的增加围岩内部裂隙量、裂隙张开度、裂隙长度都在减小。方案一条件下撤去巷道支护后围岩自身基本可以维持稳定，顶板存在部分冒落带，帮部有少部分片帮围岩剥落。

从巷道围岩的变化情况来看，随着支架尺寸的缩减巷道围岩变形增大，围岩表面位移和支架伸缩量一致，围岩破坏范围随着变形量的增大而增加，巷道围岩都形成了一定深度的破裂区，尤其是在巷道顶板，可以看见明显的离层和破坏。在巷道顶板斜上角围岩的剪切变形较大，初始矩形网格随着围岩的变形逐渐发展成为菱形。当支架调至最大变形可调量后取出支架，继续保持油缸压力以维持原始应力场，巷道随着时间推移顶板逐步冒落，帮部片帮破坏。裂隙分布区域随着围岩表面位移的增大逐渐增大。

为了能清楚了解在限定变形条件下巷道围岩变形演化规律，绘制了支架在收缩过程中不同时机围岩内部测点位置图（见图 3-10）。

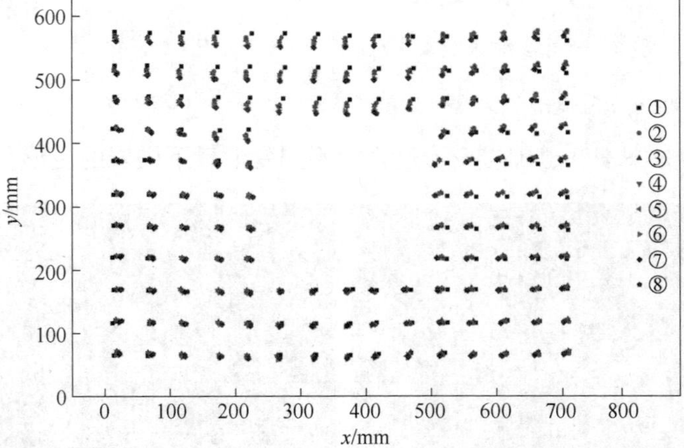

图 3-10　模型巷道周边测点坐标演化图

图 3-10 中①~⑧为不同围岩表面位移量下巷道围岩测点位置。其中围岩表面位移具有①<②<③<④<⑤<⑥<⑦<⑧的特征。

从图 3-10 中可以看出，随着支架尺寸的减小，巷道顶板上方岩层逐渐下沉，表现为同一高度水平越靠近巷道顶板中央下沉量越大，距巷道顶板越远下沉量越小。顶板上方原始水平线随着巷道变形的增大逐渐发展成开口向上的抛物线，近似关于巷道顶板和底板中线对称，且巷道的变形量越大抛物线的开口越大，抛物型越明显。帮部围岩向巷道内部移动，变形关于巷道顶、底中心线对称。随着支架尺寸的缩小围岩位移量匹配增大，底板随着支架尺寸的缩小发生轻微底鼓。

B 支护力作用特征

通过观测数据整理换算得到了方案一实际工程巷道围岩变形过程中支护力与围岩表面位移的关系曲线（见图 3-11）。

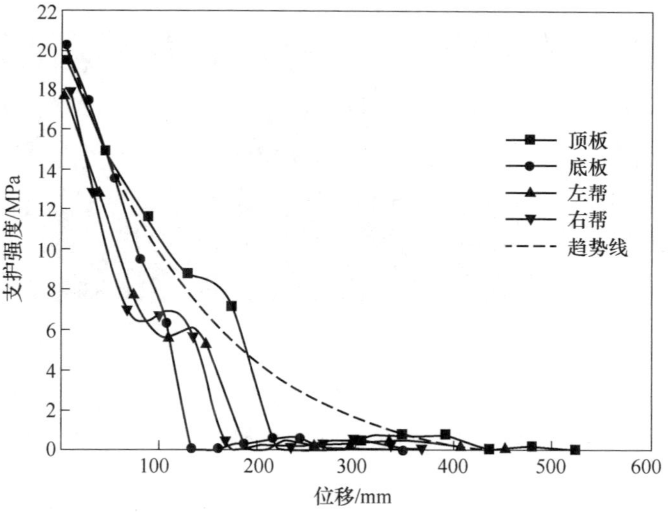

图 3-11 方案一支护力与围岩表面位移关系曲线

图 3-11 中包括顶板支护力与位移曲线、底板支护力与位移曲线、左帮支护力与位移曲线、右帮支护力与位移曲线及 4 条曲线的趋势线。从图 3-11 中可以看出，随着巷道变形的增大巷道支护力先是逐渐减小，当减小到一定程度时表现为波动性减小，顶板、底板、帮部的支护力减小速率各不相同，顶板和底板曲线特征基本相似，其对应的波动性特征相同，两帮曲线特征相似，其对应的波动性特征也相同，这种曲线特征的本质是由于支架设计中顶底作用力互相平衡，两帮作用力互相平衡。

4 条曲线主要表现为两种形式，其大体呈现为先减小，后呈波浪形衰减的特征，其中顶底的波动幅度大于两帮。帮部支护力最终衰减至零，而顶板需要维持一微小的支护力。

3.2.4.2　方案二试验结果

A　围岩位移及破坏情况

图 3-12 为方案二巷道围岩表面不同位移量时围岩的变形及破坏情况。

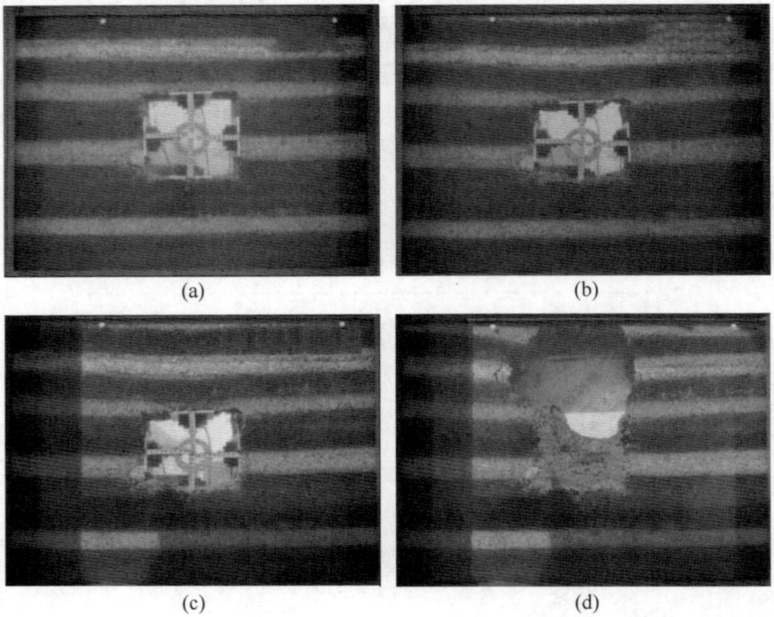

图 3-12　方案二巷道围岩表面不同位移量时围岩的变形及破坏情况
（a）断面未收缩；（b）断面收缩 63 cm；（c）断面收缩 125 cm；（d）撤去支护后

据图 3-12 可知，支架未收缩（即巷道围岩未发生变形）时巷道各部分围岩未发生位移，内部没有明显的裂隙产生，随着支架的收缩巷道顶板首先发生弯曲下沉，越靠近顶板表面弯曲下沉越明显，巷道四角出现较大碎裂围岩。支架收缩的同时巷道围岩向巷道内部挤压，表面围岩破碎程度高，难以维护。整个过程中围岩并未出现明显的大裂隙，而是整体呈现似散体特征的流动。围岩的变形程度依赖于支架的收缩量，当撤去支架后巷道围岩大范围垮落，巷道顶板冒落范围巨大，帮部围岩片帮破碎脱落，由于模型背后留有巷道尺寸大小开放平面口，破碎围岩堆积成堆后滑落出试验台，巷道围岩垮落范围增大致使整个模型无法维持稳定，破碎围岩均为散体状。

B　支护力作用特征

通过观测数据整理换算得到了方案二条件下实际工程巷道围岩变形过程中支护力与围岩表面位移关系曲线（见图 3-13）。

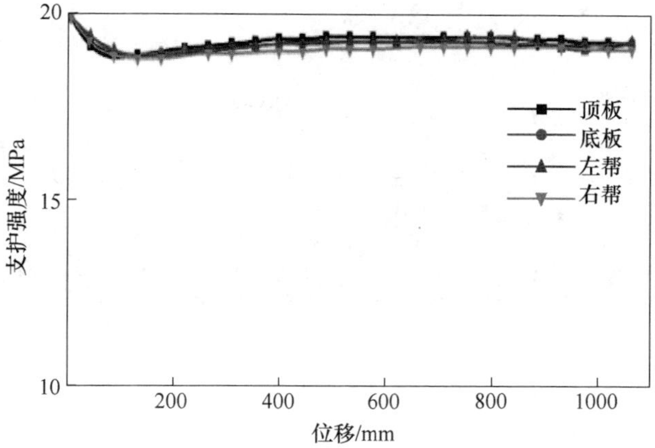

图 3-13 方案二支护力与围岩表面位移关系曲线

从图 3-13 中可以看出随着围岩变形的增大支护力稍有减小（减小值约 1.2 MPa）后又恢复至原始应力场数值，并且随着围岩变形的持续增大支护力基本保持不变。

3.2.4.3 方案三试验结果

A 围岩位移及破坏情况

图 3-14 为方案三巷道围岩表面不同位移量下的变形及破坏情况。从图 3-14 中可以看出，随着巷道断面的收缩巷道顶板下沉、两帮向巷道中心偏移、底板有轻微向上鼓起现象，其中顶板下沉最为明显，巷道围岩由原来的完整岩体逐渐演化为破碎松动体。

通过分析整个试验过程后发现，当围岩变形达到一定程度时在巷道周围出现了岩层层面错动，错动位移最大处位于巷道顶板上方两角，巷道顶板正上方并未出现层面错动位移。随着巷道断面的继续收缩，在巷道顶板中央和两角出现断裂

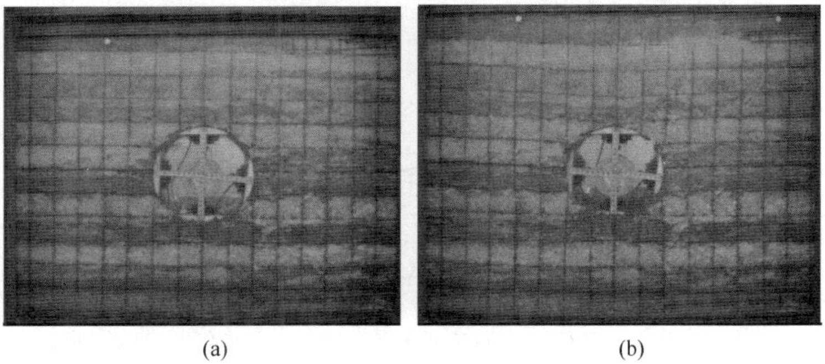

(a) (b)

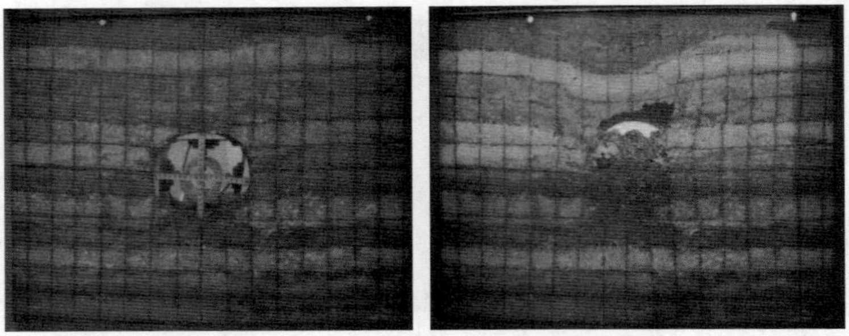

(c)　(d)

图 3-14　方案三巷道围岩表面不同位移量下变形破坏情况

（a）断面未收缩；（b）断面收缩 51 cm；（c）断面收缩 109 cm；（d）断面趋于闭合

裂纹，证明顶板破断形成了似三角拱结构。随着支架的收缩，巷道断面趋于闭合，形成了大范围的破碎区和松动区，围岩裂隙发育基本呈现沿巷道环向方向开裂，当撤去支架后巷道变形成近似闭合形态。

对比方案一和方案三可以发现，相邻岩层强度相差大条件下易发生岩层层面错动和形成三铰拱结构。

B　支护力作用特征

试验得到的方案三条件下实际工程巷道围岩-支护平衡规律特征曲线如图 3-15 所示。

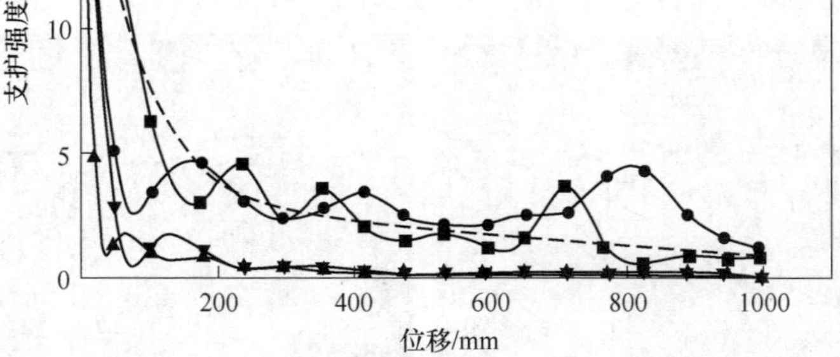

图 3-15　方案三条件下实际工程巷道围岩-支护平衡规律特征曲线

巷道顶板、底板和两帮随着围岩表面位移的增大维持平衡所需的支护强度迅速减小，随后呈现波动性特征，两帮的波动性较小，最后在限定变形条件下所需的支护强度接近 0.15 MPa，而巷道顶底所需支护强度较大，波动性特征非常明显，顶板和底板支护力与位移曲线相似，顶板在支架测定范围内维护稳定所需支护力最小接近 0.8 MPa。

综合分析物理相似模拟巷道围岩-支护作用规律特征可以发现三种方案试验下存在三种类型，分别为后期波动性减小型、水平恒值型、后期稳定波动型。

3.3 数值模拟试验

3.3.1 数值模拟材料选择

对于岩土工程的数值模拟来说，首先是计算理论的选择，其次是模型材料的选择。近 40 年来，岩石力学数值分析方法得到了迅速的发展，出现了有限差分法（FDM）、有限元法（FEM）、边界元法（BEM）、离散元法（DEM）、拉格朗日元法、不连续变形分析法（DDA）、流行元法（MEM）、无单元法及混合应用等数值模拟技术，而对于破碎围岩巷道来说，其具有破碎、松散的特征，其内部破坏面可能出现滑动和分离，这就要求在计算方法上能够描述其滑动、脱离、冒落等特征，结合第 2 章的分析结果选用能够描述块体发生转动和完全脱离且具有大变形的离散元软件进行分析计算。

数值模拟材料选择的核心部分是本构模型的选择，离散元中存在两大类本构模型，分别为块体本构模型和界面本构模型，依据前面第 2 章的研究结果，块体本构模型采用能够描述岩体峰后强度衰减特性且能够描述随着围压增高岩体脆-延性转化特征的 FRMF 本构模型，节理模型选用理想弹塑性界面本构模型。

3.3.2 数值模拟试验方案

数值模拟具有不受外界不确定的易变因素影响、成本低、易观测、可测量等技术优势，在制定数值模拟方案时可以充分考虑巷道所处位置岩体结构形式、原岩应力场、巷道断面等因素。为了能从广义上说明巷道围岩-支护相互作用规律，在分析上分别考虑巷道断面为矩形和圆形，岩体结构包括单一均质厚岩体和多层薄层状岩层，圆形巷道围岩为整体厚岩体，矩形巷道围岩为多层岩层，岩层厚度为 1 m。数值模拟试验方案见表 3-4。

表 3-4　数值模拟试验方案

<table>
<tr><th>试验方案编号</th><th>岩体赋存形式</th><th>巷道断面</th><th>原岩应力场/MPa</th><th>试验步骤</th></tr>
<tr><td>试验一</td><td rowspan="3">单一、均质厚岩体</td><td rowspan="3">圆形</td><td rowspan="6">20</td><td rowspan="6">分步限定巷道围岩表面位移，每步等待系统自稳平衡后记录数据，随后再进行下一步重复操作</td></tr>
<tr><td>试验二</td></tr>
<tr><td>试验三</td></tr>
<tr><td>试验四</td><td rowspan="3">多层薄层状岩体</td><td rowspan="3">矩形</td></tr>
<tr><td>试验五</td></tr>
<tr><td>试验六</td></tr>
</table>

数值模拟方案岩石力学参数见表 3-5。

表 3-5　数值模拟材料力学参数表

试验编号	E /GPa	ν	σ_{cp}^1 /MPa	σ_{cr}^1 /MPa	σ_w^1 /MPa	σ_{cp}^2 /MPa	σ_{cr}^2 /MPa	σ_w^2 /MPa	ε_r
一、四	2.5	0.25	124	0	0	247	223	40	1.83×10^{-3}
二、五	2.5	0.25	10	0	0	42	34	8	2.51×10^{-3}
三、六	2.5	0.25	2.5	0	0	25	25	11	3.47×10^{-3}

3.3.3　数值模拟过程及结果

数值计算过程中采用先平衡初始应力场，然后再开挖巷道，通过巷道围岩表面节点速度来控制巷道围岩的位移，通过检测得到的节点约束力来换算支护强度。数值计算巷道断面形状分为圆形和矩形两类。

数值计算巷道模型及边界条件如图 3-16 所示，整个模型尺寸为 60 m×60 m，矩形巷道宽度为 4 m，高度为 3 m，圆形巷道直径为 4 m，模型边界分别施加 20 MPa 的均布压力模拟原始均匀应力场。图中红色 s 为铅垂方向应力边界，绿色 s 为水平方向应力边界，红色 *Y* 为铅垂方向位移约束，绿色 *X* 为水平方向位移约束。

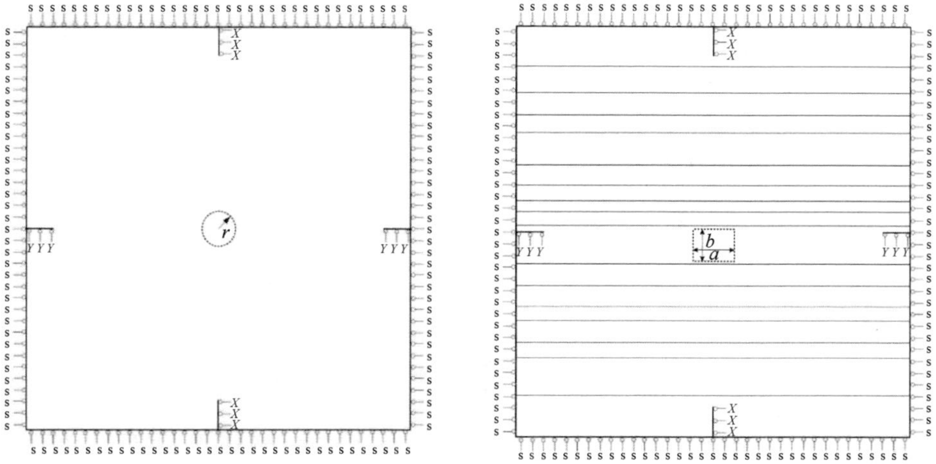

图 3-16 数值计算巷道模型及边界条件

3.3.3.1 均质围岩圆形巷道

A 弹性、塑性试验（试验一、试验二）

通过计算得到的巷道围岩支护力随表面位移变化曲线如图 3-17 和图 3-18 所示。其中图 3-17 为试验一条件下（实际巷道围岩处于弹性状态）围岩的支护强度随位移变化曲线，图 3-18 为试验二条件下（实际巷道围岩先处于弹性状态、后进入塑性状态）巷道围岩的支护强度随位移变化曲线。

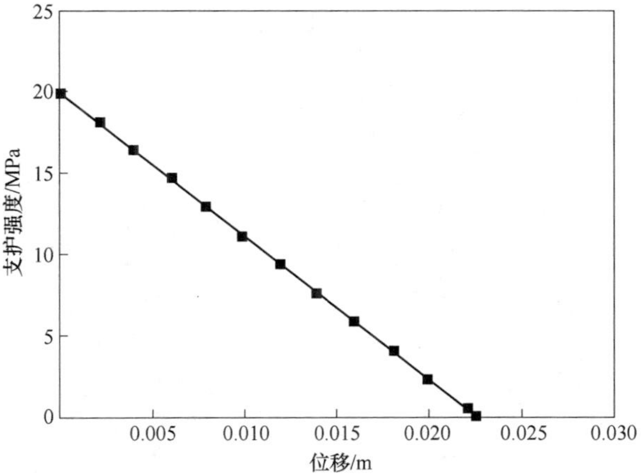

图 3-17 试验一条件下围岩的支护强度随位移变化曲线

试验一的结果中各位移量下围岩都处于弹性状态，支护力与位移曲线表现为随着位移的增大支护力呈线性减小，证明围岩支护力是位移的线性减函数，从巷道开挖到位移增大到所需支护力为零，巷道所发生的变形量很小，最大位移为巷

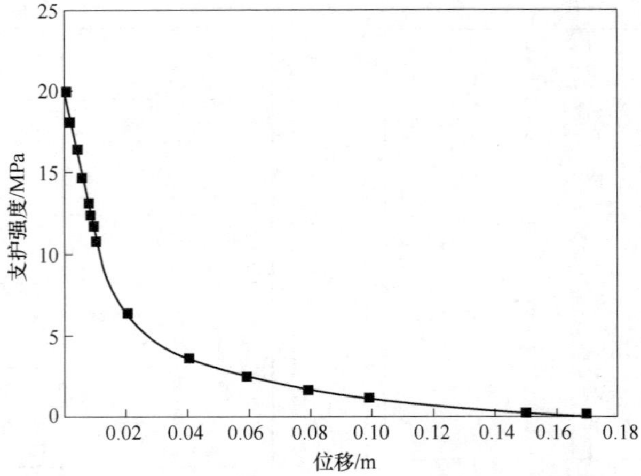

图 3-18　试验二条件下巷道围岩的支护强度随位移变化曲线

道尺寸的 0.7%。而试验二的结果表明，巷道开挖后随着位移的增大，支护力先呈现线性减小，随后呈现曲线减小直至支护力为零，曲线阶段函数呈现为减函数特性，其减小率逐渐减小（即其导数逐渐增大）。通过计算中监测巷道围岩的状态得知，在图 3-18 中第 8 数据点处围岩开始进入塑性阶段，分析曲线特征可知围岩支护力-位移关系曲线中直线部分为围岩处于弹性阶段，当围岩进入塑性阶段后，支护力-位移曲线表现为凹型减小趋势。

B　考虑峰后围岩破坏过程的试验（试验三）

图 3-19～图 3-21 分别为数值计算中巷道围岩的径向应力云图、围岩塑性区域及巷道裂隙发展和结构形成图。

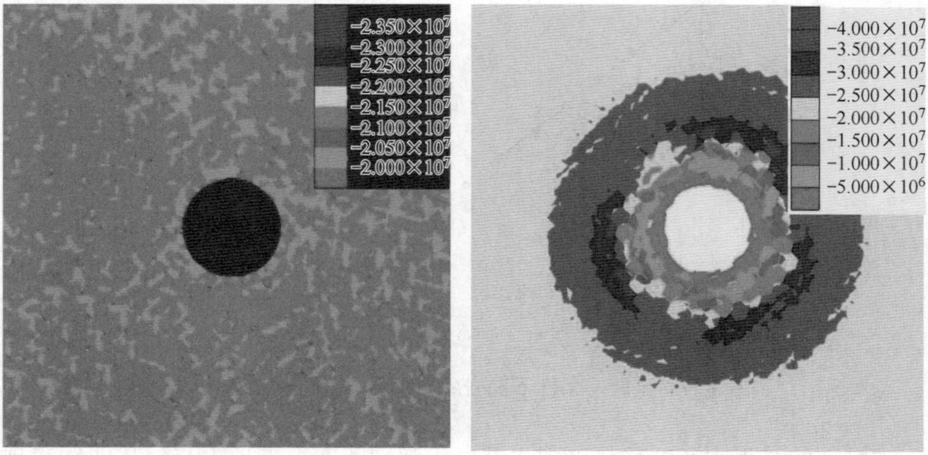

(a)　　(b)

图 3-19　试验三径向应力云图

（a）初始；（b）大变形后

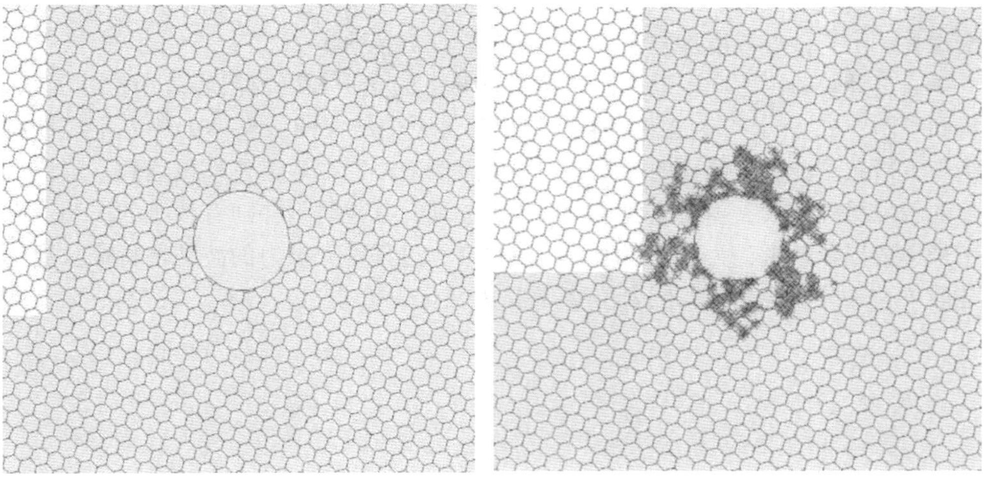

(a) (b)

图 3-20 试验三塑性区域分布图
(a) 初始；(b) 大变形后

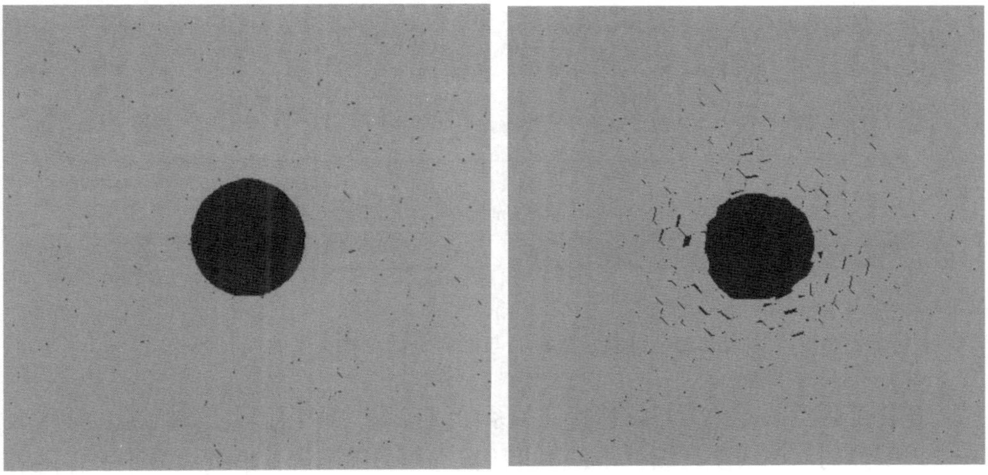

(a) (b)

图 3-21 试验三围岩裂隙分布及其结构图
(a) 初始；(b) 大变形后

从图 3-19～图 3-21 可以看出，初始状态巷道径向应力在围岩内部基本为同一值，且为原始应力场的应力值（20 MPa），巷道开挖围岩发生大变形后，巷道四周形成了大范围的塑性区域，在巷道周边附近形成了大的裂隙、镶嵌块体，裂隙开裂面基本沿巷道环向方向。径向应力在巷道深部形成一层较厚的环状应力集中带，为巷道围岩载荷的承压环。随着巷道围岩变形量的增大裂隙带和塑性区域逐渐增大，围岩破坏程度加剧，承载环向围岩深部转移。

通过计算检测不同围岩表面位移量下巷道的支护强度与围岩表面位移关系，得到了图 3-22 所示的巷道支护强度与位移关系曲线。曲线整体走势先呈线性后呈现负指数型，随着位移的增大支护强度逐渐减小，在巷道位移量达到一定值后伴随着位移的增大支护力呈现了三次较大波动，其他时刻伴随有较小的波动。由于采集数据点较密，为了能清晰看出位移增大过程中支护力的波动性特征，通过分段放大来分析各个阶段围岩位移-支护力变化规律。

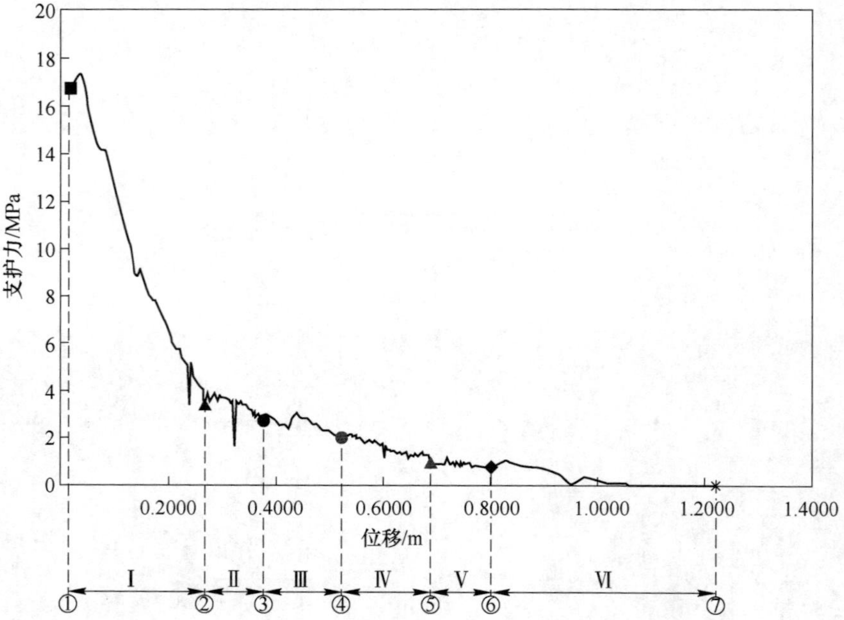

图 3-22　试验三支护力与围岩表面位移关系曲线

从各个阶段的支护力与位移特征关系曲线来看，第Ⅰ阶段支护力随位移增大表现为明显的双曲线型持续减小；第Ⅱ阶段支护力随围岩变形继续减小，伴随着小幅度的波动特征；第Ⅲ阶段支护力随着围岩变形增大整体呈现减小趋势，在此期间出现了一个较大的波峰，且波峰部分包含 12 个检测点，证明在此处围岩结构或物性特征发生了改变；第Ⅳ阶段同样支护-位移曲线呈整体下降特征，伴随数次较小的波动；第Ⅴ阶段波动性明显，整体减小趋势缓慢；第Ⅵ阶段支护力随位移增大迅速减小，并伴有两次较大波动，最后基本维持一微小值。

从整体上来看，巷道支护力与围岩表面位移关系呈现先持续减小，随后呈现波动性减小的特征。

3.3.3.2 层状围岩矩形巷道

A 弹、塑性试验（试验四、试验五）

矩形巷道在数值计算中按巷道尺寸比例释放位移，并分别在巷道帮部中央和顶板中央设置观测点，分别观测巷道围岩表面位移及支护力情况，通过计算分析得到图 3-23 所示结果。

图 3-23 为试验四实际工程条件下巷道顶板支护力、帮部支护力在不同帮部和顶板表面位移量下支护力与位移关系曲线。

从图 3-23 中可知，在巷道围岩体为弹性体条件下，巷道顶板、帮部随着巷道表面围岩位移量的增加支护力表现为线性减小的特征，即支护力为巷道围岩位移的线性减函数，巷道顶板下沉最大量大于帮部偏移量，同等变形量条件下巷道顶板所需支护力大于帮部。试验五的特征和试验四类似，区别在于最后变形呈现负指数型衰减至零。

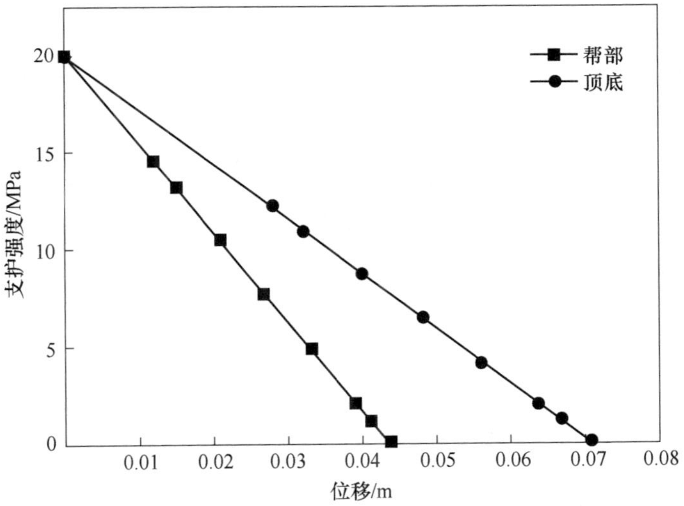

图 3-23 试验四巷道顶板、帮部支护力与表面位移关系曲线

B 考虑峰后围岩破坏过程的试验（试验六）

通过计算得到了从巷道开挖开始到巷道围岩发生大变形整个过程中的支护力与围岩表面位移的关系结果，以及随着位移的增大巷道围岩破坏区域分布。

图 3-24 为巷道初始及发生大变形后围岩的结构形态图。从图 3-24 中可以看出，初始状态巷道围岩体属于一个完整体，不存在张开裂隙，当巷道发生大的变形后，巷道围岩结构特征呈现为浅部碎裂块体镶嵌，中部存在大块体结构和梁、拱结构，深部为裂隙发育带，最后过渡到原始整体状态。巷道帮部特征为劈裂形式裂隙，顶底呈现冒落拱形块体结构或梁结构特征。

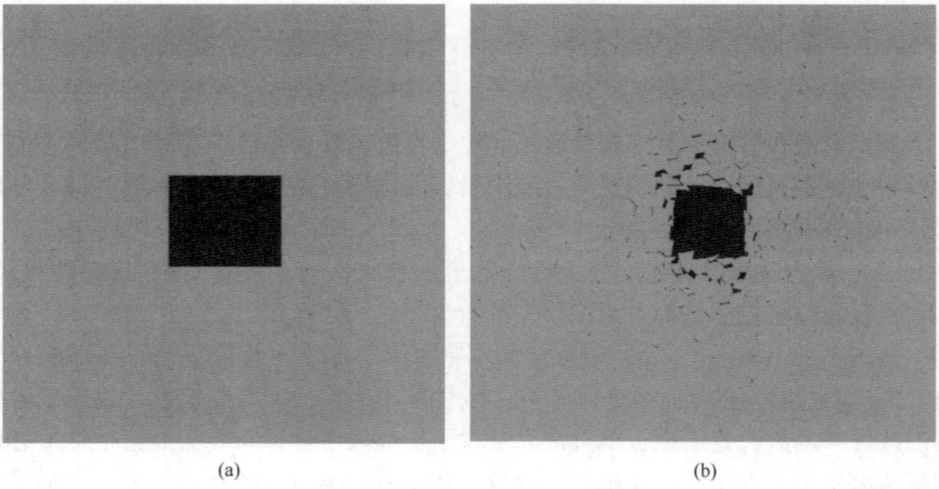

图 3-24　试验六巷道围岩结构特性图
（a）初始；（b）大变形后

通过计算中记录的围岩变形量与巷道支护强度数据，分别绘制巷道顶板、底板、两帮各自位移和其支护强度的关系曲线，得到图 3-25 支护强度与围岩变形量关系曲线。从结果可以看出，巷道顶板和底板支护强度都表现为先随着围岩变形持续减小，后表现为波动性减小，波动幅度较大。帮部则表现为随着两帮的移近，支护力大幅度波动缓慢减小后迅速线性减小，最后表现为波动缓慢减小。巷道顶板和底板初始支护强度略大于原始应力强度，帮部支护强度基本等同于原始应力强度。顶板和底板支护强度减小速率远大于两帮，其后期波动幅度大于两

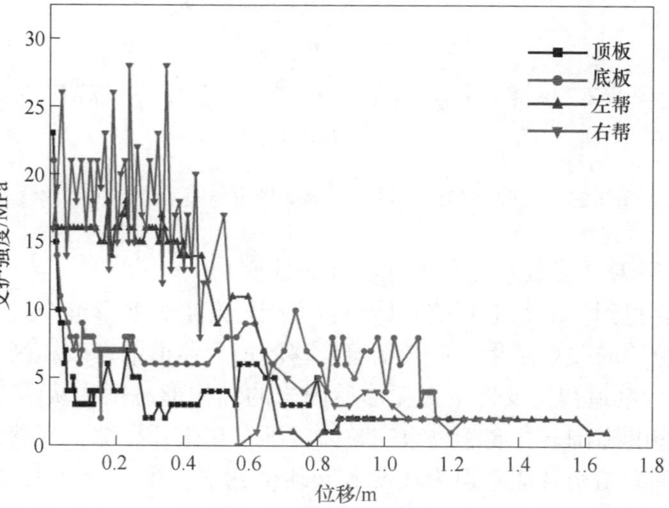

图 3-25　试验六支护强度与围岩表面位移关系曲线

帮，且在同等变形下所需的支护强度大于两帮。在巷道顶板下沉的整个过程中顶板支护力始终未衰减为零，而是当位移达到一定值时随着位移的增大呈现波动式变化，两帮则表现为随着帮部偏移量增大到某一值时支护力衰减为零，随着位移的进一步增大基本维持在一个稳定非零值。在初始帮部发生位移时支护力并未明显减小，而是呈现水平折线式波动，当位移量达到一定值时支护力突然随位移量增大呈现线性减小，减小到某一微小值（约 0.03 MPa）时又随位移量增大迅速增大至约 2.5 MPa，随后基本保持稳定。由此可知，顶、底板随围岩的变形增加先发生弹塑性位移，随后产生破坏形成松动膨胀位移，而帮部则表现为先发生表面破裂，产生部分膨胀后松动围岩较深处随之发生弹塑性位移。

分析数值模拟试验的 6 种方案可以发现，试验得到的巷道围岩-支护作用规律表现为斜直线型、负指数型、后期减小波动型、后期增大波动型四类，表明不同围岩条件下巷道呈现的自稳能力和形式不同。

3.4 围岩-支护平衡规律的现场观测

要能有效地观测到巷道支护过程中较全面的围岩-支护平衡规律，必须选择原岩应力高、岩体相对较破碎的巷道。大宁煤矿 502 顺槽具有围岩破碎、开采扰动大，巷道变形持续且变形大等特点，具备作为试验观测巷道的基本条件，为此选择 502 巷为试验巷道。

3.4.1 工程背景

502 巷道为大宁煤矿开采 3 号煤层时工作面 104 和工作面 105 中间的顺槽，在工作面 104 和工作面 105 之间布置了 3 条顺槽，随着 104 工作面的开采，501 巷道消失在采空区，当工作面 105 开采时 503 巷道消失，3 号煤层为近水平煤层，煤厚约为 4.5 m，其附近岩层分布特征见表 3-6。502 巷掘进高度为 3.7 m，宽度为 5.5 m。502 巷是工作面 105 的回风巷，为了保证其在开采期间的稳定性和维持巷道断面可以满足通风量的要求，设计采用墩柱支护来加强巷道支护。

表 3-6 3 号煤层附近岩层分布特征

岩石名称	层厚/m	深度/m	岩性描述
无芯钻进	210.37	0	
砂岩	20.0	210.37	砂岩：浅灰-灰白色，巨厚层，中粗-中细粒结构，胶结物以硅质为主，少量泥质，上部为块状层理，质较纯，中部为水平层理，斜层理，下部为水平层理，夹泥质条带，底部含少量泥质团块，从上至下泥质含量增高，孔深 215 m，225 m 处裂隙较发育，硅质充填，孔深 228 m 处发育高倾角裂隙，泥质充填

续表 3-6

岩石名称	层厚/m	深度/m	岩性描述
砂质泥岩	2.70	230.37	砂质泥岩：浅灰色，砂泥质结构，层状构造，中部夹有薄层状砂岩，下部含植物化石
砂岩	2.55	233.07	砂岩：浅灰色，中厚层，细粒，质硬，泥质胶结，具有水平层理，夹有泥质条带
泥岩	4.40	235.62	泥岩：浅灰色，质软，泥质结构，层状构造
砂岩	2.18	240.02	砂岩：浅灰色，中厚层，细粒，质硬，硅泥质胶结，块状构造，具有垂直裂隙，方解石脉充填，局部夹有泥质条带
砂质泥岩	6.37	242.20	砂质泥岩：浅灰色，质较软，夹有砂质条带及薄层砂岩，含植物化石
泥岩	3.89	248.57	泥岩：浅灰色，质软，泥质结构，层理发育，含有植物化石
砂质泥岩	2.70	252.46	砂质泥岩：浅灰色，质较软，砂泥质结构，层状构造
泥岩	4.03	255.16	泥岩：浅灰色，质软，泥质结构，层理发育，见擦痕现象，含有植物化石
砂岩	5.07	259.19	砂岩：深灰色，厚层状，细粒，质较硬，泥质胶结，块状构造，上部裂隙发育，下部砂岩较纯
砂质泥岩	5.05	264.26	砂质泥岩：深灰色，质较硬，层状构造，含有薄层状砂岩及砂质条带
粉砂岩	4.00	269.31	粉砂岩，厚度 4 m
细砂岩	3.70	273.31	老顶，细砂岩、中砂岩（局部相变为砂质泥岩），厚度 1.0~4.0 m，一般厚 3.7 m 左右
粉砂岩	5.30	277.01	直接顶，粉砂岩（局部相变为砂质泥岩、泥岩），厚度 0.5~3.0 m，一般厚 5.3 m 左右
碳质泥岩	0.20	282.31	伪顶，炭质泥岩，厚度 0~0.7 m，一般厚 0.2 m，主要分布在切眼西侧及工作面北部一带
3 号煤	5.00	282.51	3 号煤，厚度 4.25~5.6 m，一般 5.0 m 左右，煤层结构比较简单，有 1~3 层不稳定夹矸，主要分布在煤层的中下部，下部软煤厚 0.4~0.6 m，软煤之上为该区域较稳定的一层夹矸，厚 5 cm 左右，其余矸厚 2~5 cm，在该区域不稳定存在

观测时两侧工作面已采过试验段位置，避免了工作面采动的影响。在 502 巷中线布置墩柱支护，墩柱中心间距为 2.0 m，墩柱与巷道顶板、底板之间采用模板背紧，墩柱直径为 900 mm，其设计为外部采用 5 mm 钢皮包裹，里面为混凝土与珍珠棉配料。在巷道不同位置分别设置了 9 个观测站，每个观测站墩柱下面安装 4 个压力盒，压力盒上下各垫一块 900 mm×900 mm×（5~10）mm 的钢板，压力盒与墩柱及垫板的相对位置匹配。墩柱支护工程现场图如图 3-26 所示。

图 3-26 墩柱支护工程现场图

3.4.2 墩柱的力学性能

墩柱的力学性能对巷道的支护会产生直接的影响，根据围岩-支护共同作用原理，其载荷-变形特征曲线与巷道围岩变形特征的吻合性决定巷道的断面变形状况。为了能了解墩柱的力学性能，通过太原理工大学结构工程实验室内大型液压伺服压力试验机对墩柱进行压缩试验，并检测墩柱的变形与载荷曲线。墩柱力学性能试验的试件及试验加载装置如图 3-27 所示。

(a) (b) (c)

图 3-27 墩柱力学性能试验的试件及试验加载装置

（a）内部材料；（b）加压装置；（c）墩柱屈服

本次试验中试件（墩柱）数为两个，试验结果如图 3-28 所示。

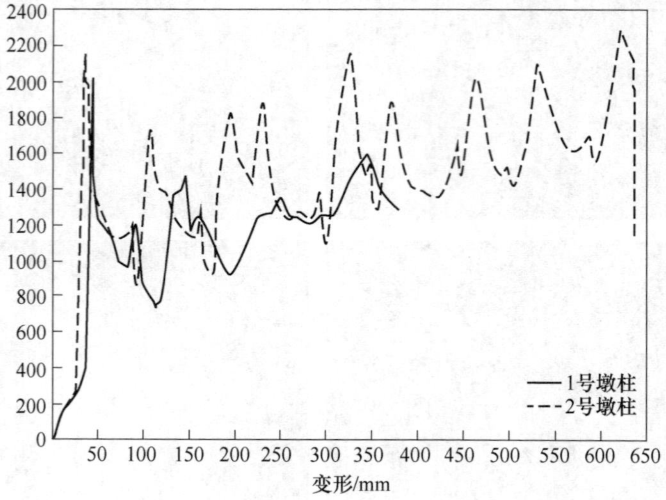

图 3-28　墩柱载荷-变形曲线

两条墩柱载荷-变形曲线形式基本相同，载荷都表现为先随着变形的增大逐渐增大，随后呈现波动性承载特性，墩柱的这种特性源于其内部的填充材料，其内部充填材料为混凝土+珍珠棉，混凝土材料具有强的抗压特性，珍珠棉具有很小的刚度特征，这两种材料混合配料使得材料具有大的变形适应性和可观的承载能力。在实际工程中墩柱随着轴向变形的增加外围包裹钢皮出现屈曲现象以适应内部材料的压缩变形，内部材料则在压缩过程中持续变形，且随着材料的压缩承载能力出现上下波动，但在大变形量的条件下始终具有一定的承载特性，且最大变形量超过墩柱长度的 1/2。除了上述特征外，墩柱由于其材料的特殊性，还具有当载荷超过其强度极限时随着时间的推移变形量缓慢增大的特征，即流变特性，其流变特性具有蠕变和松弛两种形式，但是由于巷道服务期短，其流变变形所带来的断面收缩对 502 作为辅助通风巷道并不会造成严重影响。这使得在墩柱支护巷道期间可以以控制变形量的方式来测定巷道变形量和支护力的关系。

3.4.3　围岩-支护平衡规律的现场观测方法

观测围岩-支护平衡规律在数值模拟和相似模拟试验中较易实现，而现场试验观测是检验数值模拟试验和物理模拟试验的重要手段之一，要实现观测巷道围岩-支护平衡规律特征，首先要能限定巷道围岩的位移，支护手段和措施显得尤为重要。实际工程中，巷道支护强度高容易造成支护结构的破坏和失效，而且难以有高强度承载力且变形适应性强的支护结构，通过前面特制的墩柱支护体可以满足巷道的控制变形量支护条件。

鉴于墩柱的特殊力学性能，对于采用墩柱支护的巷道，在观测站观测巷道变形和墩柱压力特征，可以基本反映巷道在服务期间其围岩-支护相互作用规律。

图 3-29 所示为围岩-支护共同作用观测方法示意图。其中 x 为巷道顶底移近量，y 为巷道支护强度。

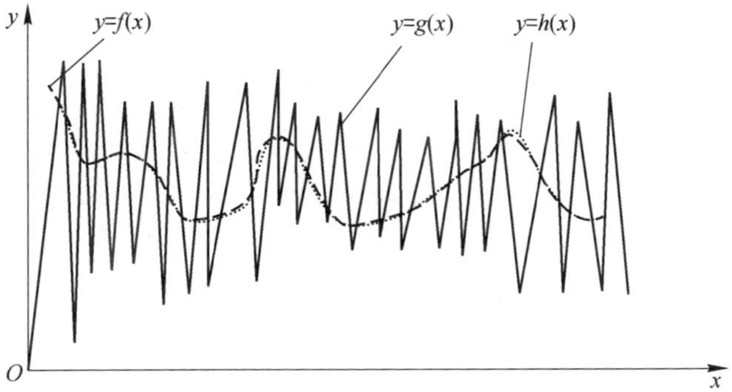

图 3-29 围岩-支护共同作用观测方法示意图

图 3-29 中假定：

（1）墩柱载荷-变形曲线为函数 $y=g(x)$；

（2）在限定变形下巷道围岩-支护力特性曲线为函数 $y=f(x)$；

（3）根据测点数据绘制的围岩-支护力特性曲线为函数 $y=h(x)$。

据图 3-29 可知，由于墩柱载荷-位移曲线的波动性特征，无论巷道围岩的支护力-变形曲线呈现双曲线型还是其他线型特征，都能利用足够多的测点通过以点绘线来描绘，图中曲线 $h(x)$ 即为通过观测数据绘制得到的围岩支护力与变形关系特性曲线，可以看出，$h(x)$ 描述的曲线特征和准确度都足以反映巷道围岩本身特性的支护力-变形特征。

根据上面的描述，在实际现场观测中，通过观测记录不同时机巷道变形量和墩柱压力可以绘制出巷道所需支护力与变形量之间的关系曲线。

3.4.4 巷道变形与支护力关系的观测结果

通过长期观测 9 个观测站的数据获得了巷道测点处墩柱支护强度（通过墩柱支护力换算得到单位顶板面积上墩柱的平均支护力）与巷道顶底移近量的关系特征曲线。观测中 9 个观测点墩柱外表都出现屈曲（铁皮褶皱），证明墩柱承载已经达到极限，出现了流变现象，这就形成了随时间墩柱自动控制巷道顶底位移的特征。

根据观测结果发现各测点墩柱载荷-位移特征基本相同，均表现出支护强度随巷道顶底移近量增大迅速增高，随后支护强度表现为随顶底移近量增大波动性变化，且在初始增大的阶段呈现线性增长特征。由于巷道开挖后立即会产生变形，在安设墩柱支护时巷道已发生变形，且墩柱安设后并未能立即给顶底提供足够大的支护力，随着时间的推移，顶底和墩柱接触逐渐趋于压紧，墩柱支护力持续增高，当支护力超过墩柱承载极限时，墩柱表现为持续变形且具有持续波动性承载的特性。根据前面分析可以知道，墩柱支护强度与巷道顶底移近量关系曲线前面直线上升部分并非围岩支护力与位移关系本质特性，只有当墩柱和顶底接触达到平衡后其支护力和位移关系才能反映巷道围岩支护特性。基于此，去除观测所得支护强度与顶底移近量前面上升部分数据，并据此绘制围岩支护特性曲线得到图 3-30～图 3-38。

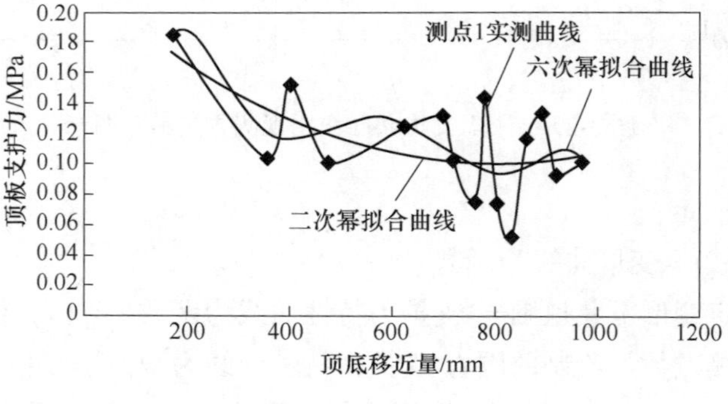

图 3-30　测点 1 围岩-支护特性曲线

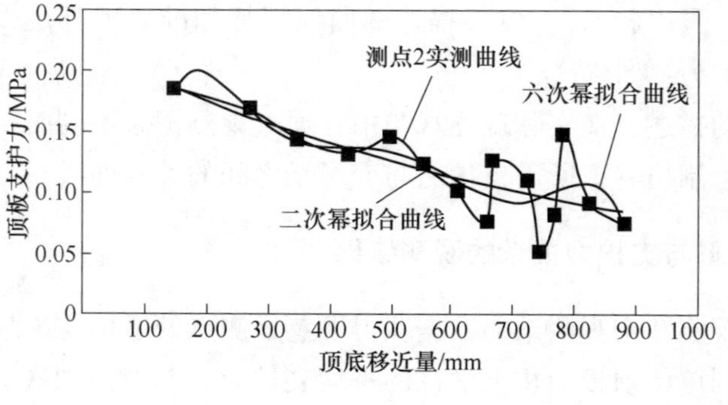

图 3-31　测点 2 围岩-支护特性曲线

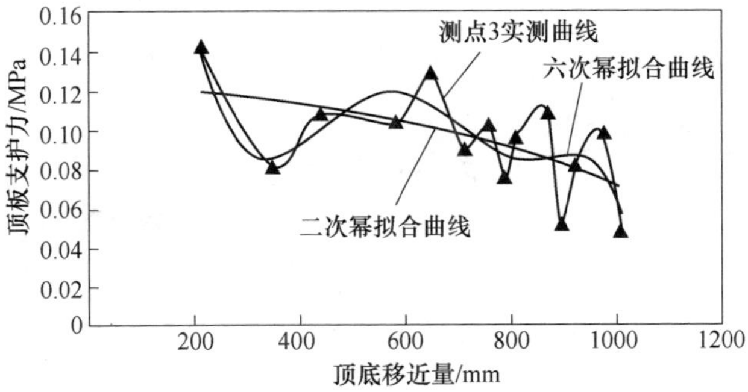

图 3-32　测点 3 围岩-支护特性曲线

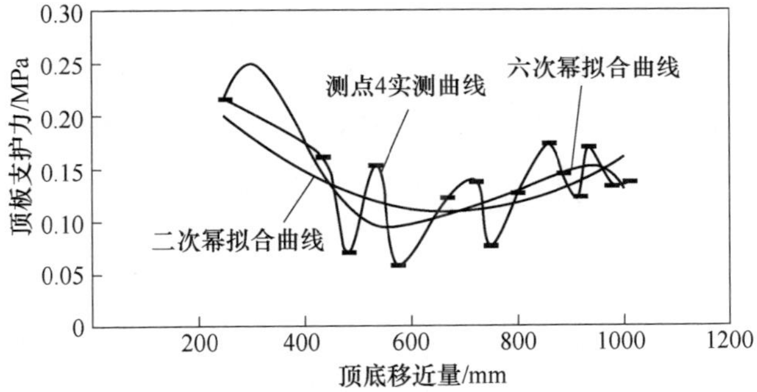

图 3-33　测点 4 围岩-支护特性曲线

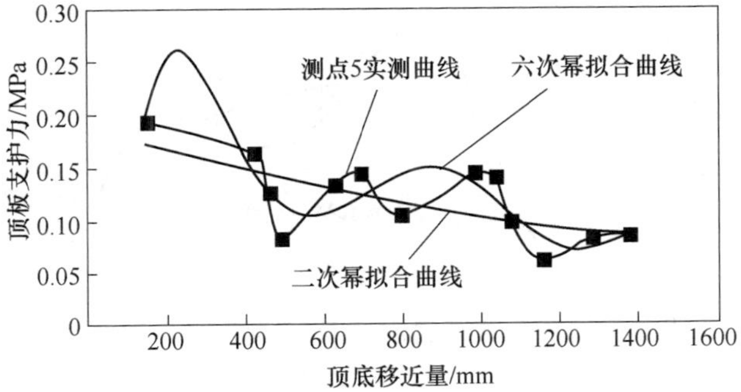

图 3-34　测点 5 围岩-支护特性曲线

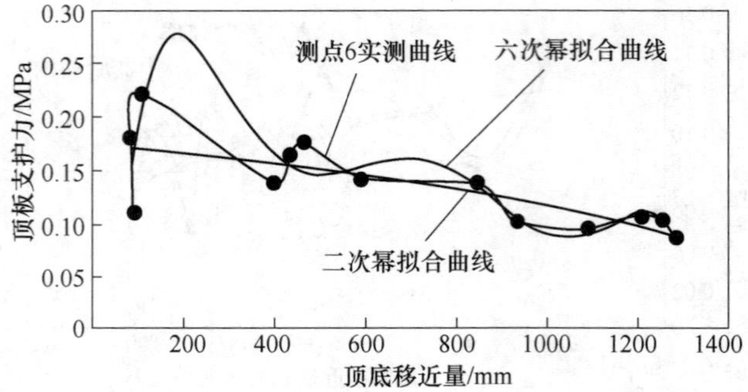

图 3-35　测点 6 围岩-支护特性曲线

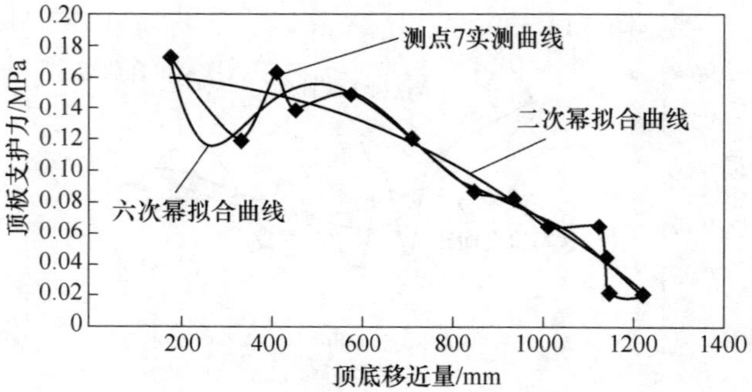

图 3-36　测点 7 围岩-支护特性曲线

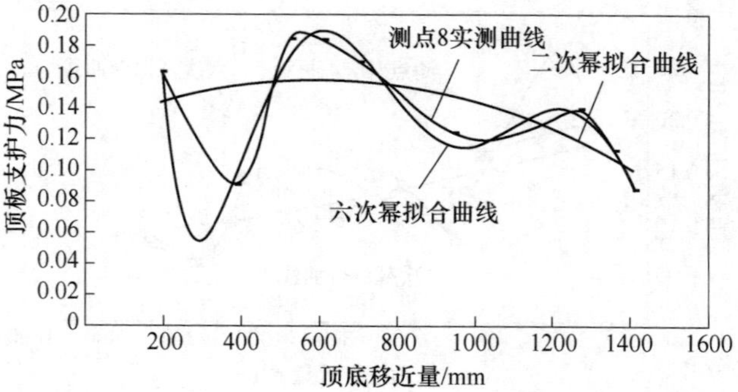

图 3-37　测点 8 围岩-支护特性曲线

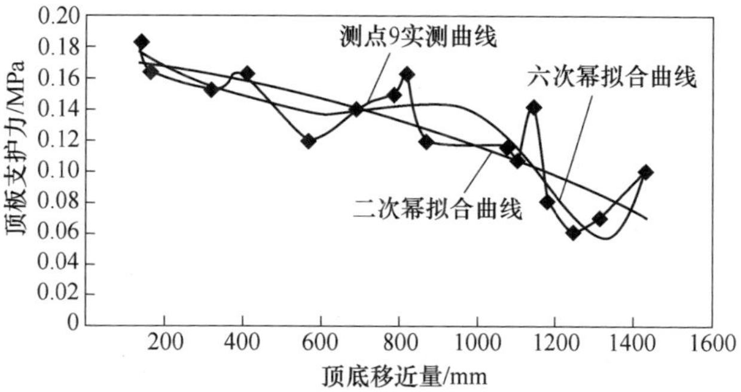

图 3-38 测点 9 围岩-支护特性曲线

图 3-30~图 3-38 中二次曲线表明曲线的整体走势，六次曲线可以很好地反映曲线的阶段变化特征。从图 3-30~图 3-38 中可以看出，支护强度远小于原始应力场强度，证明支护特性曲线已处于后期阶段。9 个测点处观测得到的围岩支护特性曲线表明，除测点 4 表现为随着围岩变形增大支护强度先减小后连续波动性增大外，其余 8 个测点数据表明，巷道围岩支护特性曲线为随着围岩变形增加支护强度呈现波动性减小或不变。对于现场观测的局部阶段来说并不存在明显的负指数型衰减。本次观测中测点 1、2、5 表现为支护强度随围岩变形呈双曲线型衰减，测点 3、6、7、8、9 表现为抛物线型衰减，但整体上都表现为支护强度随围岩变形波动性变化。

分析现场观测巷道围岩-支护作用规律特征可知其主要表现为三类：峰后水平波动、衰减波动和递增波动。

3.5 巷道围岩-支护平衡特性分类

通过前面的试验分析和现场观测研究得到了不同条件下巷道围岩与支护相互作用的规律，归结其分类主要分为以下六类：（1）支护力随围岩变形呈线性减小至零（见图 3-39 曲线 a）；（2）支护力随围岩变形先线性减小，后呈负指数型减小至零（见图 3-39 曲线 b）；（3）支护力随围岩变形先线性减小，后以负指数型减小，最后表现为波动性减小至零（见图 3-39 曲线 c）；（4）支护力随围岩变形先线性减小，后负指数形式减小，最后表现为水平稳定波动（见图 3-39 曲线 d）；（5）支护力随围岩变形先线性减小，后以负指数形式减小，最后表现为波动性增大（见图 3-39 曲线 e）；（6）支护力随围岩变形略有减小后基本保持恒值不变（见图 3-39 曲线 f）。巷道围岩支护特性曲线分类如图 3-39 所示。

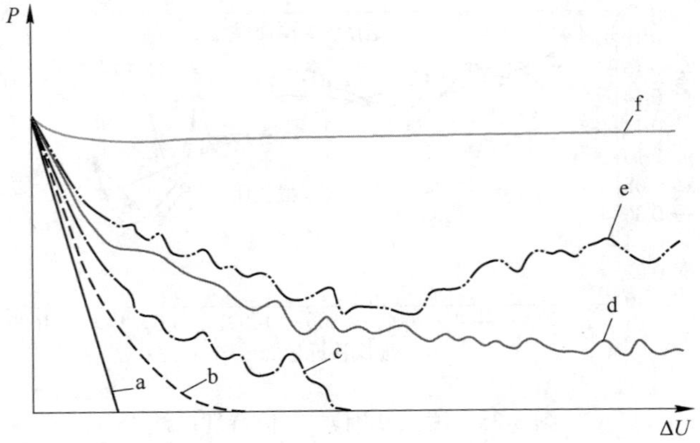

图 3-39　巷道围岩支护特性曲线分类

3.6　巷道围岩-支护平衡特性研究的意义与发现

本章系统研究了不同地质条件下巷道围岩-支护作用的特性，结合相似模拟、数值模拟和现场试验，揭示了围岩随表面位移增大所需支护力的变化规律，并对巷道围岩的稳定性特征进行了分类与分析。研究表明，巷道围岩与支护的平衡特性主要受地应力强度和围岩强度的影响，两者的相对关系决定了巷道的本质稳定性。

通过本章研究分析得到了以下关键特性：

(1) 巷道围岩的原岩应力强度和岩体强度是影响围岩-支护平衡特性的核心要素。两者的相对大小不仅决定了巷道围岩的变形趋势，也决定了巷道是否能够实现自稳或需要额外支护。

(2) 随着围岩表面位移量的增加，维持巷道稳定所需的支护力变化可归纳为六类不同的特征曲线（见图 3-39），这些曲线分别对应不同的围岩-支护平衡特性，涵盖了从弹性变形阶段到峰后破坏阶段的全过程。这一分类为巷道支护设计提供了科学依据，有助于指导不同围岩条件下的支护参数优化。

(3) 在岩层强度相差较大的条件下，巷道围岩更容易发生层面剪切错动与破断，最终形成三铰拱式结构。该结构的形成显著影响了巷道的稳定性，提示在实际支护设计中需特别关注相邻岩层强度差异对巷道稳定性的潜在影响。

本章从宏观上揭示了巷道围岩-支护平衡特性的普遍规律，并为理解不同变形阶段的稳定性特征提供了理论支撑。本章内容不仅丰富了围岩与支护作用机制的理论体系，还为巷道支护方案的设计与优化奠定了坚实基础。

本章彩图

4 峰后大变形巷道围岩与支护平衡机理

4.1 引 言

第 3 章的研究得到了巷道围岩维持稳定所需的支护力与位移关系曲线，并对其进行了分类，发现实际工程中许多巷道在没有支护的状态下无法自我平衡而达到稳定。部分巷道虽能在无支护状态下达到某种稳定，但此时巷道断面的稳定性特征已无法满足正常生产的需要，甚至存在围岩松动、破碎等现象。因此，对于这些巷道，必须采取合适的支护措施，以确保断面在满足正常生产条件下维持稳定，避免发生安全事故。

岩体的强度、围岩的变形特征及工程中施加的应力场直接影响巷道围岩的力学性质，导致围岩在不同的应力状态下表现出不同的承载特性和稳定性。随着开采深度的增加和采动效应的累积，巷道围岩的变形和受力特征会发生显著变化，围岩应力分布和结构特征在不同变形阶段呈现出不同的表现形式。在实际工程中，巷道围岩经常处于一个复杂的应力场和变形阶段之中，围岩-支护相互作用的规律也随之变化。因此，要实现对巷道围岩的有效控制，必须深入理解围岩在不同变形阶段的稳定性机理，明确不同阶段的力学特性，从而为支护设计提供理论依据。

本章将基于第 3 章获得的围岩-支护关系，分别介绍围岩在不同变形阶段中的应力、位移、裂隙演化及结构形态的变化规律，重点揭示围岩在不同力学状态下与支护系统相互作用的本质机理。具体而言，本章将探讨以下几个方面：首先，不同变形阶段下围岩的应力分布特征和位移变化规律；其次，围岩裂隙和微观结构的演化过程对巷道稳定性产生的影响；最后，围岩-支护相互作用过程中，围岩和支护力之间的平衡状态如何在不同阶段保持稳定。

通过这一系列介绍，旨在深入揭示围岩-支护平衡机理，探讨巷道围岩在变形过程中各个阶段的稳定性特征，并为巷道支护设计提供科学的理论支持。希望本章内容能够为复杂工程条件下巷道围岩的稳定性控制提供理论依据，进一步完善围岩-支护相互作用的理论体系，为矿山开采中巷道支护的优化设计提供有力的指导。

4.2　大变形巷道的矿压特征

掌握巷道围岩变形过程中的稳定性机理首先应该分析巷道围岩变形过程中的矿压特征，包括围岩应力变化特征和位移变化特征，为此，对第 3 章中不同条件下巷道围岩变形不同阶段的应力和位移特性进行分析。

4.2.1　应力演化特征

围岩内部应力演化规律特征依赖于围岩的受力特征和结构演变过程，应力反映了巷道围岩所处的受力状态和承载特征，能够间接表征巷道围岩的稳定性状况，巷道围岩在不同的变形阶段拥有不同的应力特征，弄清巷道围岩变形阶段的应力演化规律是掌握巷道稳定性机理的前提。因此，分别分析巷道围岩不同稳定性条件下的应力演化特征。

4.2.1.1　巷道自稳后围岩仍处于弹性状态

在前面的数值分析试验中试验一和试验四巷道自稳后围岩仍处于弹性状态，且应力演化规律相似，为此以试验一为例来分析说明围岩应力在变形过程中的演化规律。

在试验中记录了巷道围岩表面位移增大过程中巷道围岩的应力特征曲线，巷道断面为圆形，弹性状态下巷道围岩不同变形阶段中径向应力和切向应力随围岩位移量增大在同一坐标系中的演化对比如图 4-1 所示。

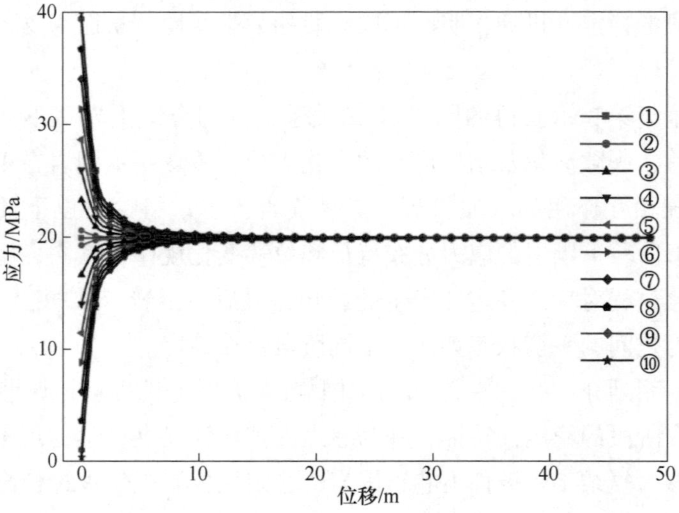

图 4-1　弹性状态下随围岩表面位移增大径向和切向应力曲线

图 4-1 中序号①～⑩为不同的围岩表面位移量，具体有⑩>⑨>⑧>⑦>⑥>⑤>④>③>②>①。据图 4-1 可知，巷道围岩能自稳且自稳后围岩处于弹性状态条件下的巷道围岩在位移增大过程中具有以下特征：

（1）围岩表面位移量为零时（即图 4-1 中的①状态点），巷道围岩径向应力和切向应力沿径向方向保持为一水平直线，且数值都为原始应力场的应力值，证明巷道围岩在位移量为零的情况下巷道的开挖并未对原始应力场造成扰动，支护结构对围岩所提供的支护力等效于开挖原始部位岩体对围岩的支撑作用。

（2）随着围岩表面位移量的增大，围岩径向应力呈现减小趋势。位移量越大，径向应力减小值越大，围岩应力减小的范围和深度越大，整个过程中围岩表面径向应力减小值最大。

（3）随着围岩表面位移量的增大，围岩切向应力呈现增大趋势。位移量越大，切向应力增大值越大，围岩应力增大的范围和深度越大，整个过程中围岩表面切向应力增大值最大。

（4）随着围岩表面位移量的增大，径向应力和切向应力沿径向关于位移量为零时的直线对称，证明在相同的位移条件下径向应力减小、切向应力增大的范围和幅度相同。

（5）围岩应力特性曲线均为光滑曲线，不存在任何折线或跳跃点。

4.2.1.2 围岩自稳后处于塑性状态

数值分析试验的结果表明试验二和试验五巷道自稳后围岩处于塑性状态，且应力分布特征演化规律相似，在此以试验二为例进行分析。

弹塑性状态下巷道围岩不同变形阶段中的径向应力和切向应力随围岩表面位移量增大在同一坐标系中的演化对比如图 4-2 所示。

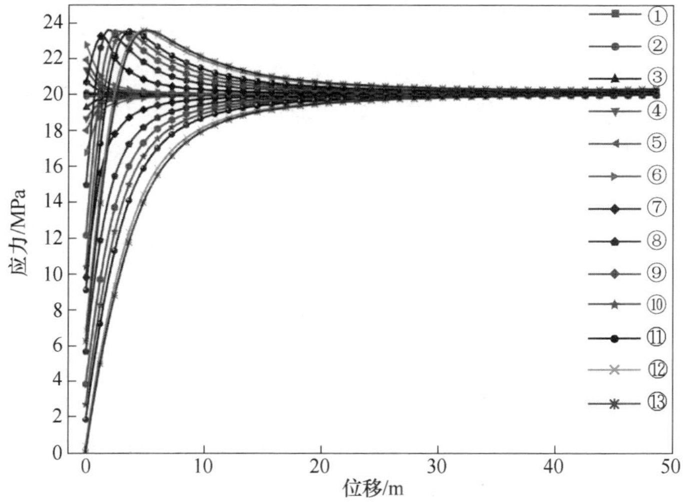

图 4-2 弹塑性状态下随围岩表面位移增大径向和切向应力曲线

图 4-2 中①~⑬为不同的围岩表面位移量，具体有⑬>⑫>⑪>⑩>⑨>⑧>⑦>⑥>⑤>④>③>② >①。图 4-2 中①状态点围岩表面位移量为零，从⑦状态点开始围岩进入塑性状态。

据图 4-2 可知，巷道围岩能自稳且自稳后围岩处于塑性状态条件下的巷道围岩在位移量增大过程中具有以下特征：

（1）位移量为零时（即图 4-2 中的①状态点）巷道围岩径向应力和切向应力沿径向方向保持为一水平直线，且数值都为原始应力场的应力值，证明限定围岩表面位移量为零的情况下巷道的开挖并未对原始应力场造成扰动。此状态下支护力对围岩的作用等效于开挖原始部分岩体对围岩的支撑作用，巷道围岩体处于弹性状态。

（2）随着围岩表面位移量的增大，围岩径向应力呈现减小趋势。位移量越大，径向应力减小值越大，围岩应力减小的范围和深度越大，整个过程中围岩表面径向应力减小值最大。

（3）随着围岩表面位移量的增大，切向应力在巷道围岩表面呈现先增大后减小趋势。切向应力由增大转为减小时为围岩进入塑性状态的转折点。围岩一定深度存在切向应力集中区，随着围岩变形量的增大，应力集中程度增加，集中区域向围岩深部转移。

（4）当切向应力在围岩表面呈现减小趋势时，此时切向应力沿径向方向有一波峰。切向应力沿径向的分布特征为先增大后减小到原始应力值，同一位置切向应力始终大于径向应力。

（5）图 4-2 中⑥和⑦状态点之间为围岩表面开始从弹性进入塑性的阶段。⑥状态点切向应力具有明显的弹性阶段特征，进入⑦状态点后围岩表面呈现塑性，往深部过渡到弹性状态，围岩塑性区域随着围岩变形量的增大而增大。

（6）围岩处于弹性阶段时（⑥状态点及其之前），随着围岩表面位移量的增大，径向应力和切向应力沿径向关于位移量为零时的直线对称，证明在相同位移条件下径向应力减小、切向应力增大的范围和幅度相同。当围岩表面进入塑性后，对称性消失。

（7）围岩应力特性曲线均为光滑曲线，不存在任何折线或者跳跃点。

4.2.1.3 巷道围岩自身不能维持稳定

巷道围岩处于弹性、弹塑性状态下随着围岩表面位移量的增加巷道会逐渐趋于稳定，然而实际工程中许多巷道围岩随着塑性区域的扩大，围岩出现破裂乃至破碎现象，自身不能维持稳定。在试验中记录不同围岩表面位移量下，巷道顶板上方不同高度位置处的铅垂应力和水平应力沿水平线的分布特征。以方案三为例进行分析说明。

图 4-3~图 4-5 为巷道围岩不同变形阶段中的巷道帮部中央水平线应力分布曲线图，图 4-6~图 4-8 为巷道围岩不同变形阶段中的巷道顶板上方 0.2 m 水平线应力分布曲线图，图 4-9~图 4-11 为巷道围岩不同变形阶段中的巷道顶板上方 5 m 水平线应力分布曲线图。其中图 4-3、图 4-6、图 4-9 为铅垂应力曲线特征演化图，图 4-4、图 4-7、图 4-10 为水平应力曲线特征演化图，图 4-5、图 4-8、图 4-11 为剪应力曲线特征演化图。

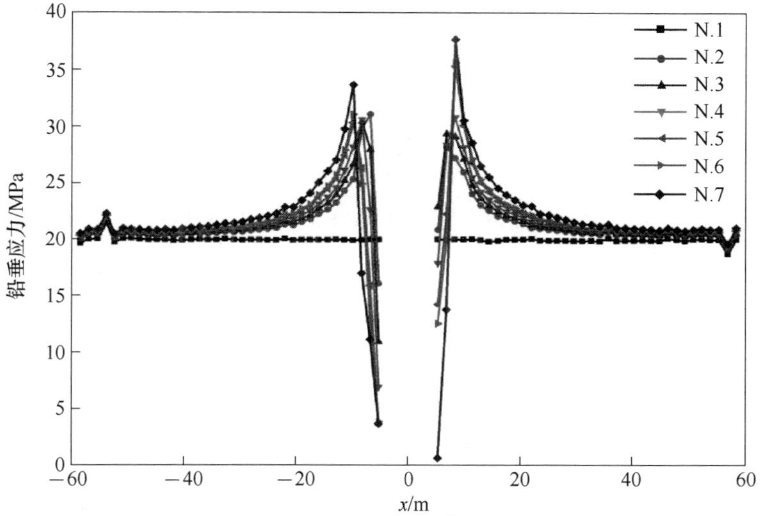

图 4-3 巷道帮部中央水平线铅垂应力曲线

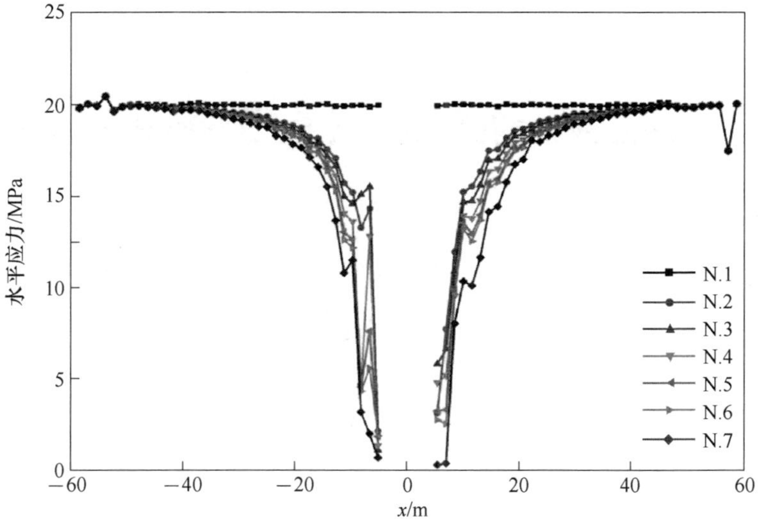

图 4-4 巷道帮部中央水平线水平应力曲线

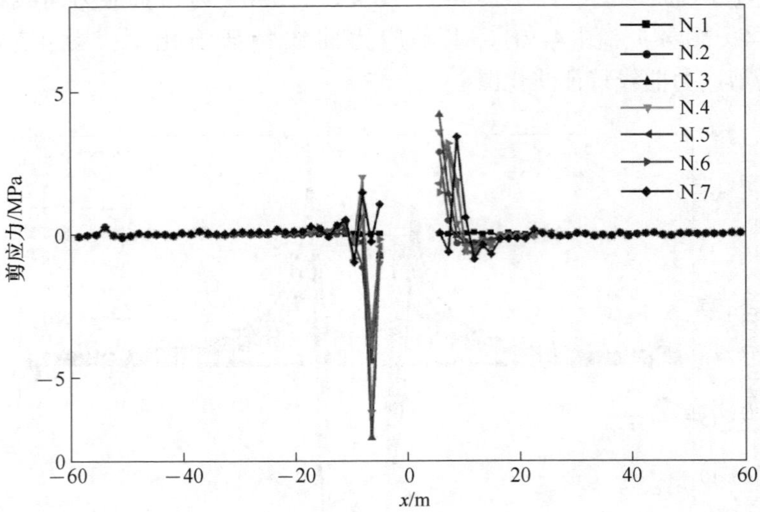

图 4-5　巷道帮部中央水平线剪应力曲线

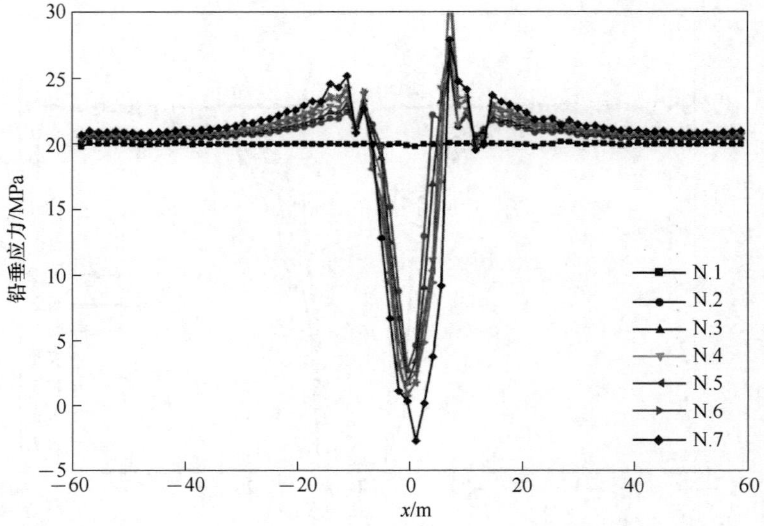

图 4-6　顶板上方 0.2 m 水平线铅垂应力曲线

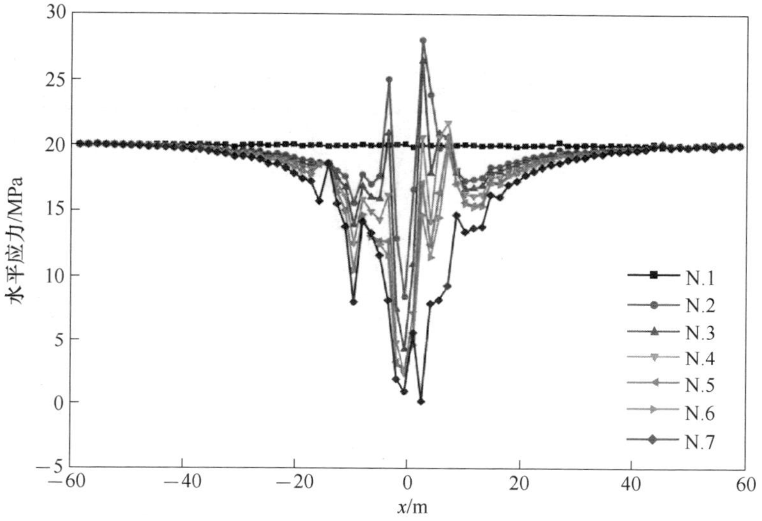

图 4-7 顶板上方 0.2 m 水平线水平应力曲线

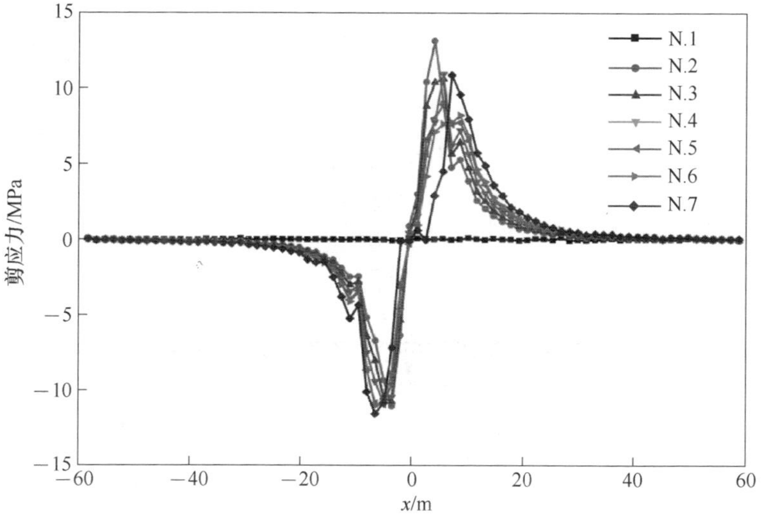

图 4-8 顶板上方 0.2 m 水平线剪应力曲线

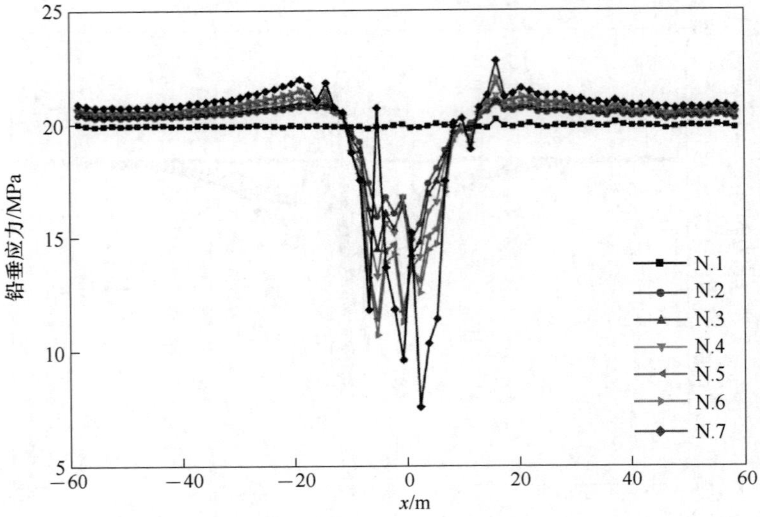

图 4-9 顶板上方 5 m 水平线铅垂应力曲线

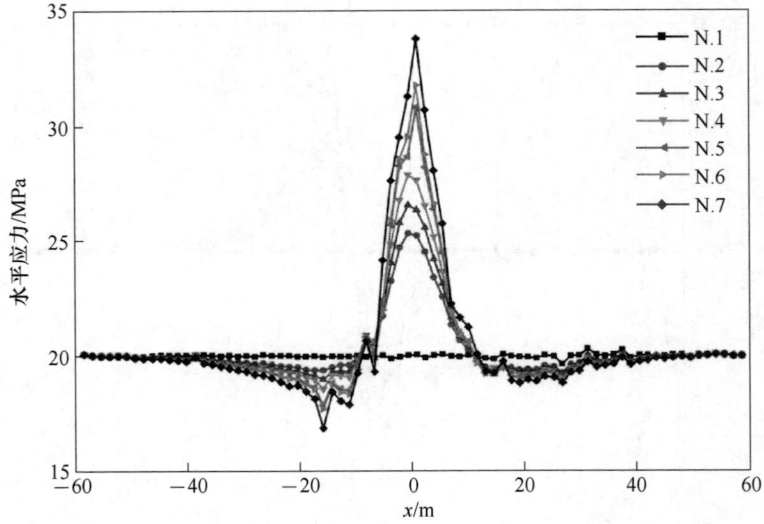

图 4-10 顶板上方 5 m 水平线水平应力曲线

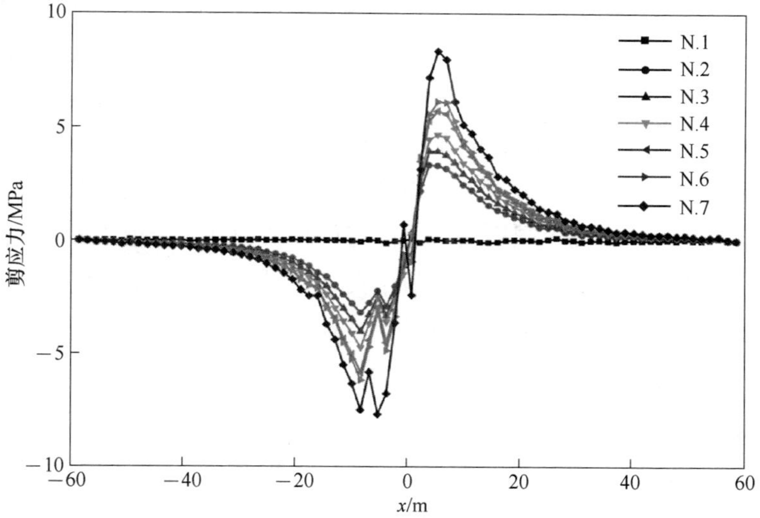

图 4-11 顶板上方 5 m 水平线剪应力曲线

图 4-3~图 4-11 中 N. 1~N. 7 为随着围岩表面位移量增大的观测结果，围岩位移量的关系为 N. 1<N. 2<N. 3<N. 4<N. 5<N. 6<N. 7。

从图 4-3~图 4-11 中可以看出，随着围岩表面位移量的增大巷道帮部水平方向铅垂应力由原来的连续水平直线逐渐演变为帮部表面铅垂应力最小，随着巷道帮部深度的增加，铅垂应力逐渐增大，并大于原始应力值，当达到一定峰值时应力开始减小并趋于原岩应力，随后维持稳定。当围岩位移量足够大时，巷道帮部表面铅垂应力几乎接近零，证明巷道帮部围岩已完全破碎，几乎丧失承载能力。巷道帮部水平方向水平应力随着围岩位移量的增大由原来的水平直线逐渐演变为帮部表面最小，随着帮部深度的增加逐渐增大到原岩应力值并趋于稳定。当围岩位移量足够大时，水平应力分布曲线呈现不平滑特性，即增大过程中存在跳动，表明巷道帮部存在铅垂方向的裂隙。围岩位移量越大，巷道表面围岩铅垂应力和水平应力越小。剪应力沿巷道帮部水平分布基本呈现水平线，靠近巷道帮部附近存在折线式波动，表明巷道表面岩体破裂形成了不连续结构面。

压应力的不连续或跳跃性特征表明在应力方向上存在应力松动和集中区域，出现这种现象的原因是岩体内部存在裂隙或弱面。因此应力跳跃点是判断裂隙张开和压实的重要参考之一。

在巷道顶板上方 0. 2 m 高度水平，铅垂应力在顶板两侧表现基本等同于巷道帮部中央水平线分布特征，在顶板岩层上铅垂应力急剧减小，尤其是在顶板正中央上方。当围岩位移量到达一定值时，曲线变化且具有折线式形态，证明顶板上方形成了水平方向的不连续面，铅垂应力整体呈现双驼峰形式。水平应力在顶板呈现更大的波动，且折线式跳动波动幅度大，局部水平应力跳动值超过原始应力，证明在顶板上方形成了块体结构，块体之间在水平方向上接触存在局部挤压剧烈和局部脱离。剪应力在顶板上方表现为随着围岩位移量增大具有类似帮部剪应力从零逐渐增大的特征，同样具有当围岩位移增大到一定值以后表现为具有折线式波动的特征。最大剪应力位于顶板中央水平向外约 2 m 处。

在顶板上方 5 m 高度水平，铅垂应力特征几乎等同于 0.2 m 高度水平，表现不同之处在于顶板上方铅垂应力值增大，折线式波动剧烈，证明内部结构裂隙发育，围岩破坏形成的块体尺寸大于低位围岩。水平应力表现为顶板上方水平应力大，最大值位于顶板正上方，折线式波动在顶板正上方减弱，在帮部两侧依然呈现波动，证明帮部两侧依然存在铅垂裂隙面。剪应力表现形式与 0.2 m 水平相同，强度相对减弱。

综上分析可知：

(1) 对于矩形巷道和圆形巷道，两帮围岩破坏程度随深度的增加逐渐减弱，围岩破坏所形成的裂隙面基本平行于巷道表面。

(2) 顶板围岩破坏程度随高度的增加逐渐减小，破坏所形成的裂隙面与顶板平行。

(3) 随着围岩位移量的增大，围岩破坏程度增大，破坏区域也随之扩大。

(4) 围岩破坏所形成的结构特征表现为：近地表区域破坏结构尺寸较小，随深度增加，结构尺寸逐渐增大；在更深部位，破坏主要表现为不连续的裂隙发育。

(5) 顶板上方表面为破碎围岩，深部形成顶板两边水平等距离断裂，且随着深度的增大，断裂层面水平跨度减小。

4.2.2　位移演化特征

随着巷道围岩表面位移量的增大，围岩依次经历弹性、弹塑性、破裂、破碎等阶段，为了掌握其整个过程位移的分布规律和特征，在试验中记录不同围岩变形量条件下围岩的位移分布。各试验条件下围岩的位移分布及演化规律相似，不能自稳巷道相比能自稳巷道具有位移不连续和存在跳跃点的特征，为此，以试验三（不能自稳巷道）为例分析说明。巷道（断面为圆形）围岩在不同变形量增大下，顶板上方 0.2 m 和 5 m 水平线上铅垂位移分布和水平位移分布曲线如图 4-12 和图 4-13 所示。

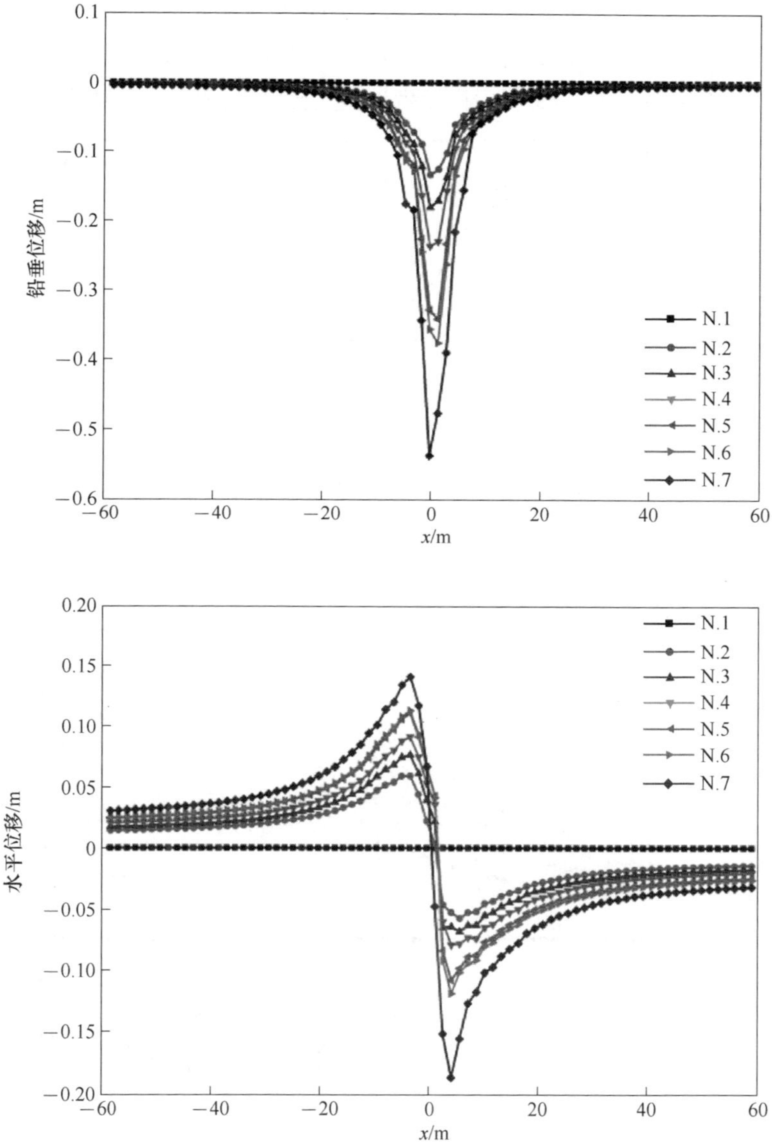

图 4-12　顶板上方 0.2 m 水平线位移曲线

据图 4-12 和图 4-13 可知，在 0.2 m 和 5 m 水平高度上，围岩变形量为零时，铅垂位移和水平位移沿水平线方向分布都呈现水平线特征，数值为零。随着巷道围岩变形量的增大，铅垂位移表现为从巷道中央上部开始向下增大，并且增大范围逐渐向两帮扩大。当巷道围岩变形量增大到一定程度后，首先在巷道顶板表面上方出现铅垂位移不连续点，证明顶板岩层形成铅垂方向裂隙，并且沿裂隙面出现滑动。随着围岩变形的继续增加，这种不连续性增加，并且逐渐向顶板上层延续，向水平方向扩大。水平位移在顶板正中央为零，随着围岩变形量的增加表现为巷道围岩位置向顶板中央移动的特性，并在围岩变形量达到特定值后，在顶板中央两边对称地出现不连续点，证明顶板发生破裂、破断形成镶嵌结构或砌体结构。

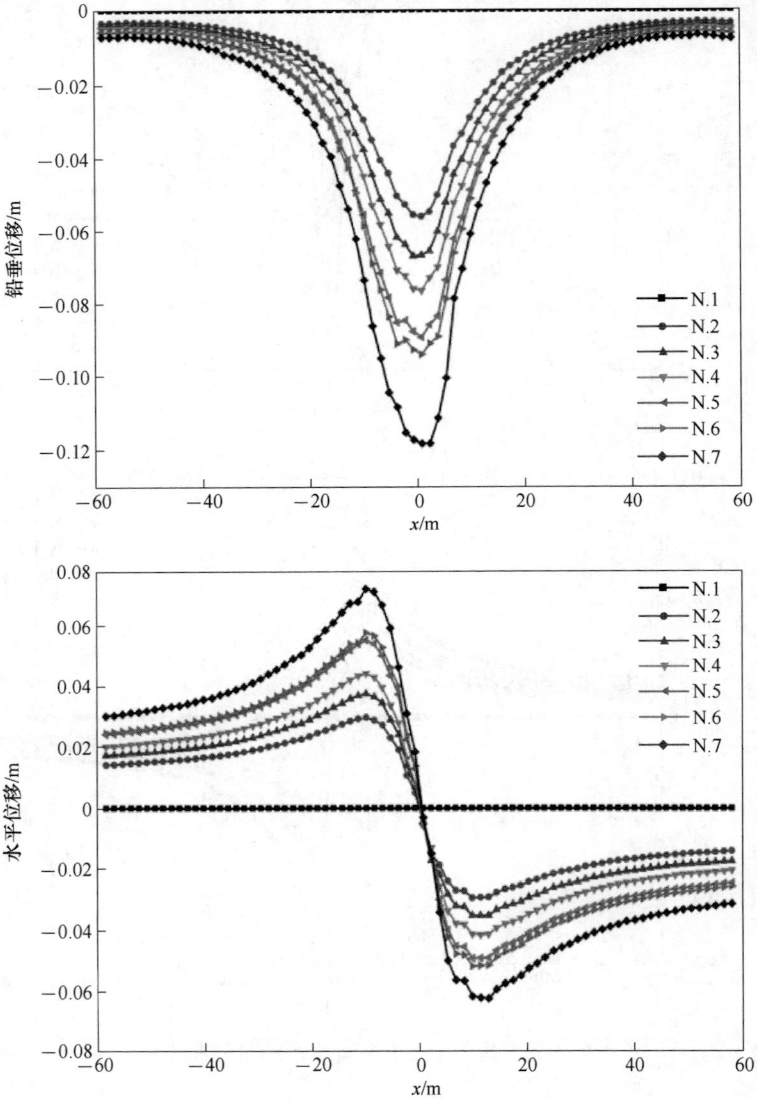

图 4-13　顶板上方 5 m 水平线位移曲线

4.3　围岩物性、结构演化特征

巷道变形过程中围岩的受力状态发生了改变，根据岩石力学理论（见图 2-4

试验结果）可知，当应力状态达到特定条件时岩石的物性会发生变化，表现在工程结构上为结构特征发生改变。当原岩应力足够大时，巷道随着变形的增加围岩会从弹性进入塑性，随后发生破裂，最后演化为破碎岩体，所产生的矿压特征表现为支护力和位移的关系。因此，研究巷道围岩在变形过程中围岩的物性和结构特征对于巷道稳定性控制意义重大。

4.3.1 塑性区扩展特征

图 4-14 为试验三巷道（断面为圆形，处于均质围岩中，且不能自稳）随着围岩变形量增大塑性区分布特征图。图 4-14 中 Ⅰ 到 Ⅵ 标号代表不同的巷道围岩表面位移量。

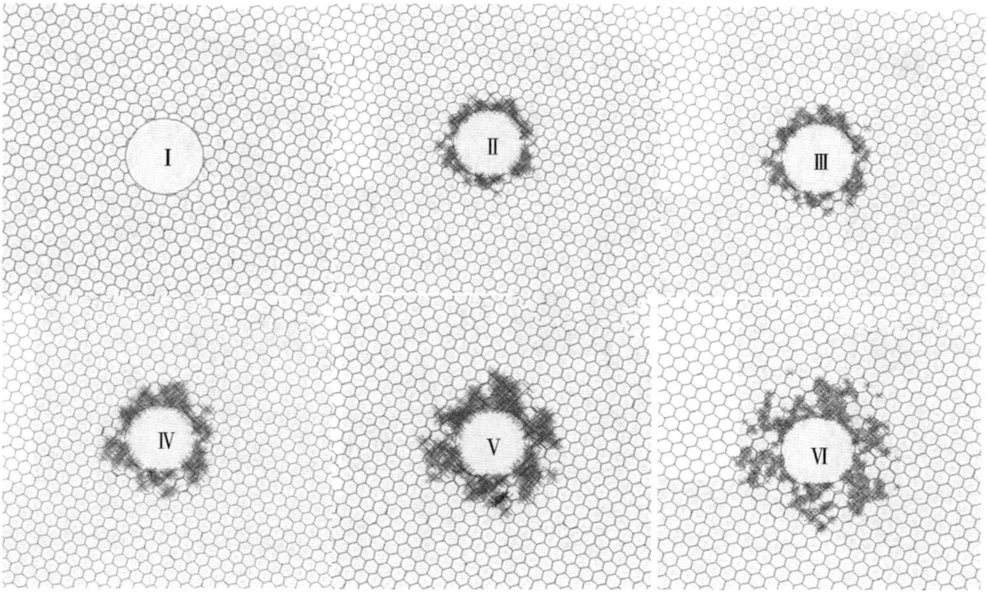

图 4-14 试验三巷道随着围岩变形量增大塑性区分布特征图

从图 4-14 中可以看出，当围岩表面位移量较小时巷道围岩全部处于弹性区域，随着围岩位移量的逐步增大，在巷道围岩表面首先出现塑性区域，塑性区域较浅时分布基本均匀，为圆形巷道的同心环状。随着围岩位移量的继续增加，塑性区范围进一步扩大，并且整体呈现非环形龟裂状向外扩张。

4.3.2 裂纹扩展规律

塑性区分布的演化规律可以描述岩体在连续介质条件下应力转移和岩体物性的变化，然而工程实际中围岩变形不仅发生塑性破坏，而且伴随着裂纹的产生、扩张及结构的形成。下面分析圆形巷道在均质围岩中和矩形巷道在层状岩层中的裂纹扩展规律和结构特征。

图 4-15 为数值模拟试验三巷道围岩（均质岩体中不能自稳圆形巷道）随围岩变形量增大裂隙及结构的发展规律。从图 4-15 中可以看出，圆形巷道在初始均质岩体中所有裂隙呈现压实状态，在围岩表面位移量为零的条件下等同于原始巷道未开挖状态，围岩中不存在任何裂隙面，岩体处于弹性状态，属于连续介质的范畴。当围岩位移量增大到一定数值时，巷道围岩表面附近出现少量的不连续裂隙，裂隙面基本呈现沿巷道中心为原点的圆的切线方向，随着围岩位移量的继续增加，裂隙范围增大、密度增加，在围岩位移增大过程中伴随着裂隙的扩展和贯通，并有少量径向裂隙的产生，当这种效应足够大时产生了沿巷道围岩周边的镶嵌结构，巷道围岩物性状态和结构状态表现为表面为破碎区域，往深部逐渐演化为破碎镶嵌结构区域，其次为裂隙发育带、塑性带和弹性区。

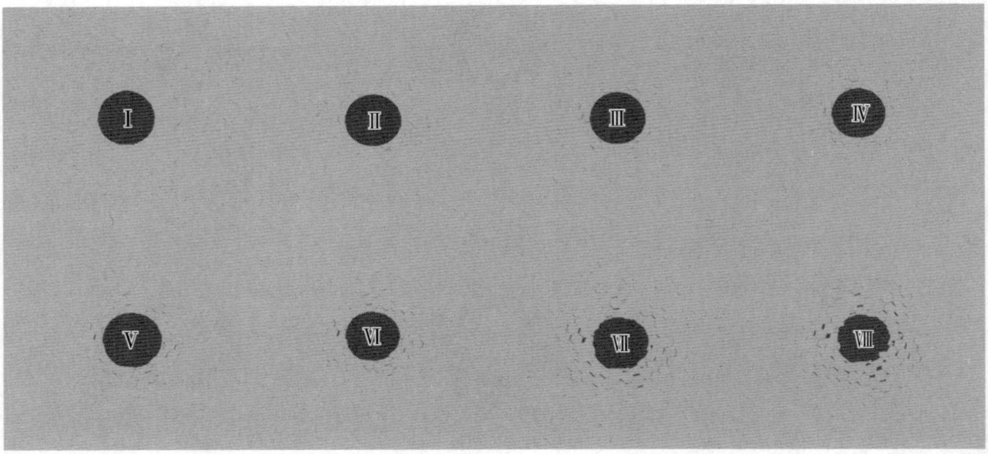

图 4-15　圆形巷道在均质岩体中随围岩变形增大裂隙及结构发展规律

图 4-16 为数值模拟试验六巷道（层状岩体中不能自稳矩形巷道）随围岩变形增大裂隙及结构的发展规律。矩形巷道在层状岩体中表现为初始原有裂隙全部处于压密状态，包括岩层间的层面。随着围岩位移量的逐渐增大，巷道顶板上方和底板下方出现少量的水平不连续裂隙，两帮内部出现少量的铅垂不连续裂隙，随着围岩位移量的进一步增大，顶板上方和底板下方水平裂隙逐渐增多，部分裂隙贯通，裂隙密度增大，帮部裂隙也呈现密度增大和范围扩大态势。当围岩变形量增大到一定程度时，顶板出现铅垂裂隙，裂隙贯通形成冒落拱式形状，底板则出现梁状结构，特性类似两端固定梁。随着围岩变形的继续增大，顶板冒落拱式结构进一步破碎形成更大范围的顶板镶嵌结构，整体结构形似多层三铰拱的堆

积，堆积形状如冒落拱状。底板则出现单层面的三铰拱结构，并随着围岩变形的增大演化为碎裂镶嵌结构，其更深部继而出现类似顶板状的堆积形三铰拱组合，围岩表面破碎程度高。

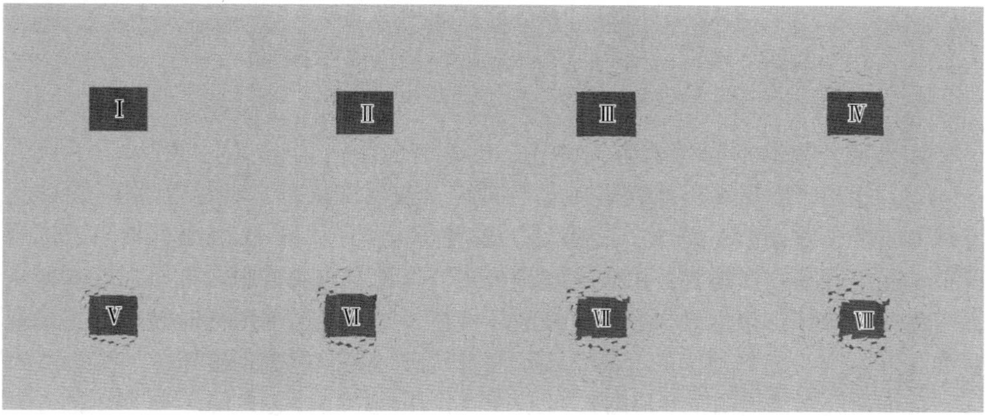

图 4-16　矩形巷道在层状岩体中随围岩变形增大过程中裂隙及结构发展规律

4.4　围岩-支护平衡机理

纵观巷道围岩变形整个过程可以发现，巷道围岩在变形过程中的物性和结构特征包括弹性、塑性、破裂、镶嵌、破碎、散体。这就决定了巷道围岩处于不同变形阶段的支护力与变形作用规律的不同，为此针对第 3 章所得的巷道围岩与支护力相互作用特征分析其机理。

分析巷道围岩-支护相互作用平衡机理的本质就是分析巷道围岩变形、破坏及结构形成特性和力的作用关系。在分析巷道围岩-支护力作用平衡机理以前，首先阐述应力状态对岩体材料的影响。岩石的单轴压缩破坏特性不同于三轴压缩破坏特征，图 2-8 给出了随着围压增高岩石的破坏特征，巷道在不同围岩位移量下的受力特性类似于不同围压下的压缩，在双向同压应力场条件下，初始限定位移为零时巷道几乎等同于三向围压相同的压缩，三向应力状态下围岩处于弹性状态，其变形和载荷特性服从广义 Hooke 定律。

各向同性条件下广义 Hooke 定律如下：

$$\begin{cases}\sigma_x = 2G\varepsilon_x + \lambda\varepsilon_{\mathrm{v}},\ \tau_{xy} = G\gamma_{xy} \\ \sigma_y = 2G\varepsilon_y + \lambda\varepsilon_{\mathrm{v}},\ \tau_{yz} = G\gamma_{yz} \\ \sigma_z = 2G\varepsilon_z + \lambda\varepsilon_{\mathrm{v}},\ \tau_{zx} = G\gamma_{zx}\end{cases} \tag{4-1}$$

式中，λ、G 为 lame 弹性常数；$\varepsilon_{\mathrm{v}} = \varepsilon_x + \varepsilon_y + \varepsilon_z$ 为体积应变。

对于巷道的变形-载荷特性可以视为平面应变状态，平面应变状态具有 $\varepsilon_z=0$、$\gamma_{yz}=0$ 和 $\gamma_{zx}=0$，则式（4-1）变为

$$\begin{cases}\sigma_x = 2G\varepsilon_x + \lambda(\varepsilon_x + \varepsilon_y)\\ \sigma_y = 2G\varepsilon_y + \lambda(\varepsilon_x + \varepsilon_y)\\ \sigma_z = \lambda(\varepsilon_x + \varepsilon_y)\\ \tau_{xy} = G\gamma_{xy}\end{cases} \tag{4-2}$$

如果定义巷道围岩位移方向为 y，巷道走向方向为 z，则初始状态下认为 $\sigma_x=\sigma_y$，相当于围压和压缩载荷强度相同的三轴压缩状态，当巷道发生位移时，巷道围岩断面收缩，ε_x 增大，ε_y 变小，这使得 σ_x 增大和 σ_y 减小，相当于围压降低和压缩载荷强度增大，由强度理论可知，这种变化使得围岩抗压强度降低从而容易发生破坏。根据硬岩三轴压缩破坏特征可知，巷道围压低时破坏形式呈现竖向张开裂隙，随着围压的增高呈现斜面剪切破坏和碎裂流动破坏。

前面研究结果表明，巷道围岩-支护相互作用规律主要包含图 3-39 所示的 6 种类型。为此，基于围岩变形、破坏及裂隙和结构演化规律分析其本质作用机理。

基于围岩的变形破坏特性分别对图 3-39 中 6 种围岩-支护作用形成的机理分析如下：

（1）巷道自稳后围岩处于弹性状态。这种情况下巷道围岩变形量与支护力关系特征如图 3-39 曲线 a 所示，为随着巷道变形量的增大维持巷道围岩稳定性的支护力线性减小直至为零，整个过程中围岩处于弹性阶段。巷道成形后当围岩位移为零时，维持巷道稳定所需的力为原来开挖部分对巷道围岩体提供的支护力，即为原始应力场的应力数值。随着围岩位移的增大巷道围岩发生变形，巷道出现断面收缩，对于围岩表面的任何一点，初始其应力状态为三向压缩应力，围岩的位移造成巷道收缩方向压缩变形减小，垂直方向压缩变形增大。根据广义胡克定律，应变的减小对应于应力减小，应变的增大对应于应力增大。因此，围岩变形将会产生围岩表面法向压缩力的减小，反映到围岩变形-支护力规律上为随着围岩变形的增大支护力减小。当围岩的应力状态处于强度包络面内时，围岩体处于弹性状态，应力-应变为线性关系，故围岩变形-支护率规律为线性关系，亦即巷道围岩自稳后仍处于弹性状态的整个过程中，围岩支护力与变形关系为线弹性减函数。

（2）巷道围岩自稳后围岩处于塑性状态。此类情况巷道围岩变形-支护力关系特征如图 3-39 曲线 b 所示，为随着巷道变形量的增加维持巷道围岩稳定性的支护力先线性减小后呈现负指数型减小至零，整个过程中巷道围岩在曲线的线性阶段处于弹性状态，进入凹型曲线部分后巷道围岩接近表面部分处于塑性状态。线性阶段的机理等同于巷道自稳后围岩仍处于弹性状态的情形，但存在当巷道围岩的这种弹性变形达到一定程度时，其围岩的应力状态已处于或位于强度包络面之上，围岩发生塑性破坏。若巷道围岩继续发生变形，围岩相应的永久变形量增

加，其承载力随着永久变形的增大而降低，造成应力松弛，高应力向岩体深部转移。随着巷道围岩变形的持续增大，塑性区域扩大，围岩压缩变形量持续减小直至弹性变形为零，这时维持巷道稳定所需提供支护力为零。在此期间巷道围岩由于存在塑性区域扩大的现象，表现为随着巷道变形量的增大维持巷道稳定所需支护力的减小幅度越来越弱的现象，反映在巷道围岩变形-支护力规律特征曲线上为负指数型曲线式减函数。当围岩自稳后，其特性仍基本符合连续体介质力学特性。

(3) 巷道围岩自稳后处于破裂状态。此类情况巷道围岩变形-支护力关系特征表现形式如图 3-39 中曲线 c 所示，为随着巷道变形量的增加维持巷道围岩稳定性的支护力先线性减小后负指数型曲线减小，最后呈现波动式总体凹型减小至零。整个过程中曲线初始线性阶段围岩处于弹性状态，进入负指数型曲线减函数部分浅部围岩处于塑性状态，并随着巷道的变形塑性区域扩大。当巷道变形量达到一定程度时，巷道表面围岩裂纹开始扩展、贯通，形成破裂结构。围岩的破裂在内部形成弱面或不连续面，其间接释放了压缩应力和压缩变形，从而使得巷道的变形量急剧增加。由于通过释放围岩变形量使围岩压缩载荷得到减小，围岩所需支护强度减小。其间由于裂纹的开裂、扩展和贯通，围岩的平衡依据其结构特性不同所需支护力不同，这种裂纹的张开、扩展、贯通、压实的平衡过程伴随着支护力的突然增大和减小，但整体走势呈现减小趋势。处于弹性阶段表现为线性特征是由于弹性阶段岩体的本构特性服从广义胡克定律，为线性特征，故弹性阶段表现为线性减小。塑性阶段表现为负指数型曲线减函数特性是塑性阶段随着岩体变形的增大永久变形增大造成岩体强度衰减，而弹性状态岩体也由于向巷道内部移动所需支护力减小，围岩高应力区向深部转移，这两种因素叠加形成塑性阶段岩体负指数型曲线减小。破裂阶段的波动性是由于围岩破坏过程中裂隙的突然开裂、扩张，贯通和压实等结构性变化引起的，这些作用造成了曲线的波动性起伏，围岩在此阶段呈现非连续体介质特征。

(4) 巷道围岩不能自稳——围岩表面破碎化。巷道围岩不能自稳的情形主要包括三类特征曲线，分别是图 3-39 中的曲线 d ~ 曲线 f，其共同特性为巷道在没有支护作用下都不能维持围岩稳定。曲线 d 表现为随着围岩位移的增大所需支护力持续线性减小，此时围岩全部处于弹性阶段。当围岩表面出现塑性区域时围岩维持平衡所需支护力与围岩变形关系表现为塑性阶段典型的负指数型曲线减小；当围岩进入破裂化阶段后，围岩支护力-位移特性曲线表现为总体凹型走势，并带有微小波动起伏特征减小；当表面围岩进入破碎阶段后呈现近似恒定式波动特征。出现这种特性的原因是塑性圈和破裂区域向深部转移，破碎带逐渐加大，维持巷道稳定所需的支护力在巷道断面所能收缩产生位移范围内几乎不变，巷道的后期变形主要由围岩的碎裂变形引起，巷道围岩的破裂和破坏的载荷突变特性造成巷道支护力在破裂和破碎阶段的波动性起伏。

（5）巷道围岩不能自稳——围岩破碎区向深部延伸。巷道围岩不能自稳且随着巷道围岩位移的增大围岩破碎区域逐渐扩大下围岩-支护力作用规律特征如图3-39曲线中e所示。其表现为初始巷道位移为零时巷道所需支护强度等同于原始应力场强度，随着围岩表面位移的增加，巷道围岩首先处于弹性状态，此时巷道支护力与围岩变形关系为线性减函数。当围岩进入塑性区后呈现典型的负指数型曲线，围岩开始破裂化时巷道表现为整体波动式凹型曲线。当破碎区域到达一定程度时，巷道由于实际松动区域的增大造成深部围岩破坏，表面破碎区域不能承受载荷，由承载体转化为载荷体，实际增大了巷道断面面积且载荷增大，造成围岩所需支护力增大，并伴随着破碎圈的增大出现波动式起伏。

（6）巷道围岩不能自稳——围岩呈现散体特征。巷道围岩散体特征下围岩-支护力作用规律特征如图3-39中曲线f所示。在初始巷道位移为零的情况下维持巷道围岩稳定所需支护力为巷道原始应力场数值，随着围岩表面位移的增大支护力略有降低，随后表现为上升至稍低于原岩应力的水平，整个过程中巷道支护力几乎不随围岩的变形而改变。其原因为初始巷道围岩具有较小的自身承载能力，随着位移的增加巷道围岩表面破坏，承载能力丧失，巷道围岩的这种散体结构特征造成了其具有传力性极强的特征，围岩变形具有极强的适应性。

本章围绕巷道围岩-支护作用的力学机理，通过分析巷道围岩内部应力、位移的演变规律，以及围岩物性状态和结构特征的动态变化，系统揭示了巷道围岩与支护相互作用的阶段性特征及其平衡规律。本章进一步深化了对围岩变形全过程的认识，为复杂条件下巷道支护的理论与实践提供了重要依据。

研究表明，巷道围岩与支护作用的平衡特性具有显著的阶段性，围岩的变形和力学行为随着变形量的增加而呈现出不同的特征。在整个变形破坏过程中，围岩依次经历了弹性、塑性、破裂、破碎和松动等状态，这些阶段的力学特性对支护设计具有重要指导意义。以下为本章的主要发现和启示。

（1）阶段性规律与支护设计。巷道围岩-支护相互作用的平衡规律具有显著的阶段性特征，各阶段围岩的力学行为对支护方案提出了不同的要求。在弹性阶段，围岩支护特性表现为典型的线性关系；在塑性阶段，支护特性呈现负指数衰减；在破坏阶段，支护与围岩的相互作用表现为波动性变化特征。这种规律为优化支护参数设计提供了明确的理论依据。

（2）应力状态的关键作用。巷道围岩的应力状态直接决定了其力学特性和稳定性，不同的应力状态将导致围岩表现出不同的强度和变形特性。研究表明，通过优化支护设计改善围岩的应力分布，可以充分利用围岩的抗压能力，延缓破坏的发生。

（3）松动区结构的平衡演化。在适当的支护条件下，松动区围岩仍能够形成具有传力和承载能力的稳定结构。然而，这种结构随着外部应力场或支护条件的变化，会经历平衡—失稳—再平衡的周期性演化过程。这一规律提示支护设计需充分考虑围岩的动态变化特性，确保支护系统能够适应不同变形阶段的需求。

本章的内容不仅揭示了巷道围岩与支护相互作用的内在机理，还为深部巷道复杂条件下的支护优化设计提供了理论支撑和实践指导。

本章彩图

5　锚杆对锚固岩层作用的力学机制

5.1　引　言

随着煤矿开采逐步向深部发展，巷道围岩的力学特性和结构状态也呈现出更加复杂的演变。在大变形巷道的服务期内，围岩的物理性质和结构往往表现为整体结构、层状结构、裂隙体和破碎体等多种形式。因此，针对巷道围岩的支护必须考虑整个围岩变形过程中的不同阶段，尤其是岩层在峰后阶段的变形和破坏特征，这使得锚杆支护的作用机制变得更加复杂和重要。

锚杆支护技术，作为煤矿巷道支护的常用手段，因其成本低、施工方便、可实现主动与被动支护的有效结合等优点，得到了广泛应用。研究表明，锚杆支护能够显著提高巷道围岩的稳定性，尤其是在围岩破碎和变形严重的深部开采环境中，锚杆发挥了至关重要的作用。然而，尽管锚杆支护技术已经取得了一系列的研究成果，现有的研究仍然不足以全面揭示锚杆与锚固岩层之间复杂的相互作用机制。特别是在大变形巷道中，岩层的力学行为表现出强烈的非线性和各向异性，这使得传统的支护理论和方法无法有效解释锚杆支护的真实效果。

因此，本章将在前期研究的基础上，深入探讨锚杆支护的作用机理，尤其是锚杆与锚固岩层之间的相互作用机制。通过分析锚杆在不同变形阶段的受力特征，研究锚杆如何在岩层破碎、裂隙扩展等情况下有效地提高围岩的稳定性。同时，本章还将探讨预紧力在锚杆支护中的作用，特别是其对裂隙顶板的加固机理，进一步揭示锚杆支护技术对巷道围岩稳定性的贡献。

通过本章的介绍，期望能够深化对锚杆支护技术作用机理的理解，并为未来大变形巷道围岩的控制方法提供理论依据和实践指导。

5.2　锚杆拉拔特性

锚杆在巷道围岩支护中最主要的作用依靠锚杆所提供的拉力来对围岩体加固，然而，锚杆在岩层中受拉时的受力和变形特性如何，现在仍未有准确的研究结论。为此，本节以锚杆最基本的拉拔试验分析研究锚杆拉拔条件下锚杆的变形、黏锚力和轴力特性变化规律。

试验采用数值模拟方法，锚杆在锚固岩层中可能存在的情况为锚固端在大刚度单一厚岩层中、锚固端在小刚度单一厚岩层中及锚固端在大刚度和小刚度相间的岩层中，为此试验设计锚杆锚固端分三种情况锚固。为了能寻找最优锚固长度，试验设计中加大了锚杆锚固长度，采用锚杆锚固段长度为 3.475 m、自由段长度为 0.5 m 的试验模型。锚杆为线弹性材料，且自由段轴力相同，可以通过结果换算得到不同自由段长度的锚杆拉拔试验结果。

试验中锚杆锚固段处于七层围岩中，每层层厚 0.5 m，分别为图 5-1 中的岩层三至岩层九。试验模型尺寸为高 6 m、宽 6 m。模型上下边界施加锚杆轴向方向的位移约束，左右边界施加垂直锚杆轴向方向的均匀压力，数值计算采用平面应变模型，锚杆与钻孔之间建立界面接触模型。试验模型如图 5-1 所示。

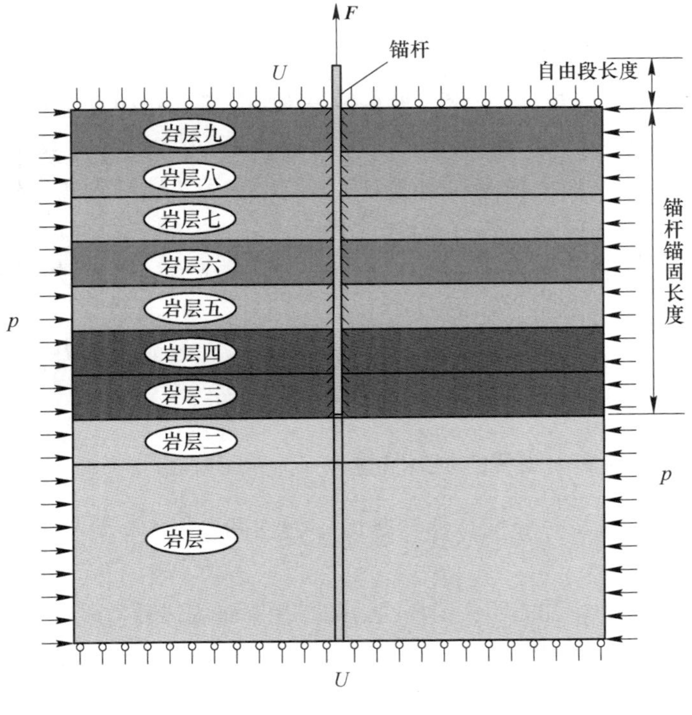

图 5-1 锚杆拉拔试验模型图

锚固剂特性符合库仑摩擦定律（见图 5-2），其中 c 为抗剪黏聚力，f 为等效静摩擦系数，最大等效摩擦力为 $|\tau|=c+f\cdot p$，极限黏锚力为 τ_{max}，当等效摩擦力超过最大等效摩擦力时锚固面发生滑动，锚固性能丧失，锚杆和岩体之间的摩擦力变为残余摩擦力，其值为 $|\tau|=f'\cdot p$，f' 为残余摩擦系数，反之，锚杆和岩体处于黏结状态。

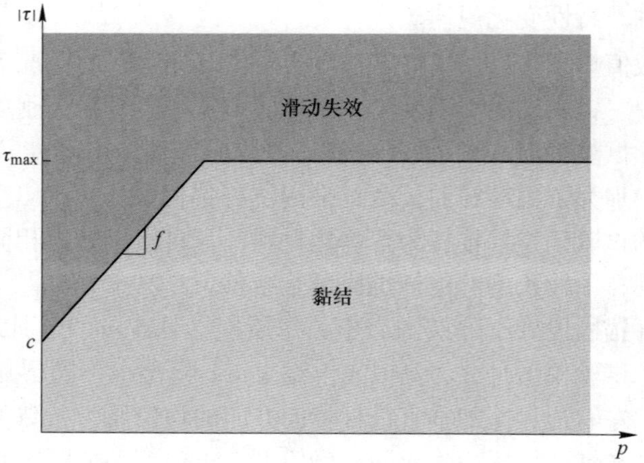

图 5-2　锚固面本构模型

如图 5-1 所示，试验中设计锚固段岩层包含 9 层，通过改变岩体物理参数来实现岩层厚度和特性组合的变化，当 9 层岩体参数都相同时即为单一厚岩层，利用这种特性，试验中分别模拟硬岩（弹性模量取 25 GPa）中锚固、较软岩层（弹性模量取 10 GPa）中锚固和软硬交替岩层中锚固。锚固剂黏结锚杆和岩体的特性为 $f=0.2$，$c=2$ kPa，$f'=0.0067$，试验中 $p=5$ MPa。

试验中记录锚杆自由端头位移、锚杆全长轴向应力、锚固段黏锚力及锚固面接触状态等情况。

锚固体的受力和变形特性主要包括锚杆的受力和变形、锚固岩层的受力和变形，以及锚杆和岩层作用面的受力变形特征。

5.2.1　刚度不变岩体中锚杆的拉拔特性

图 5-3 为硬岩锚固体竖向位移与竖向应力云图，图 5-4 为软岩锚固体竖向位移与竖向应力云图。

锚固体整体受力特征表明，锚杆在拉拔作用下锚固体受力改变主要集中在锚杆附近，沿锚杆锚固端呈现半椭圆形应力集中，锚杆轴向应力分布呈现从锚固端头向自由端头逐渐增大，证明锚杆对锚固岩层应力影响主要集中在锚固端附近，影响区域呈现半椭圆分布，反映在三维空间范围为半椭球形，随着拉拔力的增大由半椭球形逐渐演化为桃心形。弹性力学中半无限体受集中力作用的影响特征呈现典型的“压力泡”特征，从试验结果可以得知，锚固端对岩体的作用并不完全等同于单个集中力作用，由于其作用力是沿着锚固端杆体向深部逐渐减小，对各部分岩体作用力并不相同，演化成压力泡在锚杆轴向被拉长而形成椭圆或椭球结构。锚固体的竖向位移云图表明锚杆对锚固岩层的作用使得锚固端杆体表面附近出现较大竖向位移，且表现为随着围岩靠近锚固段中央部位，岩体轴向变形增大。

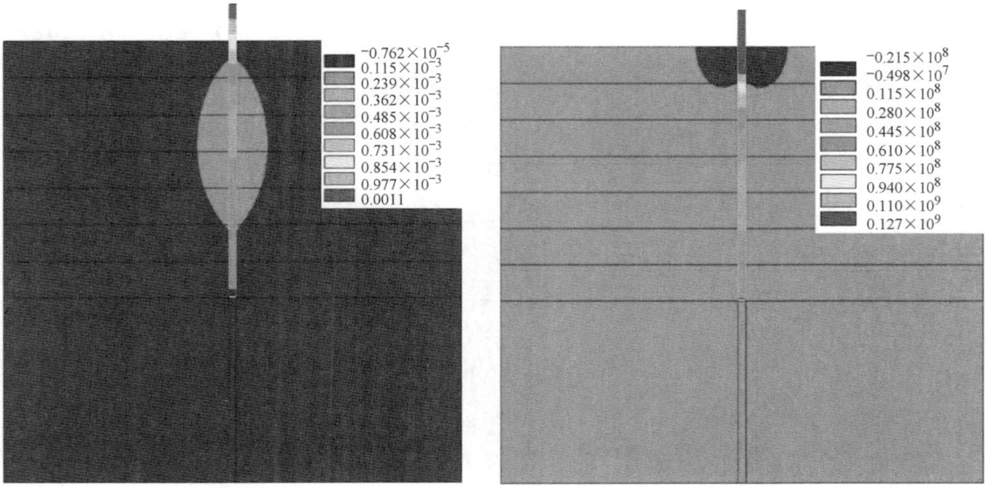

(a) (b)

图 5-3 硬岩锚固体竖向位移与竖向应力云图

（a）竖向位移云图；（b）竖向应力云图

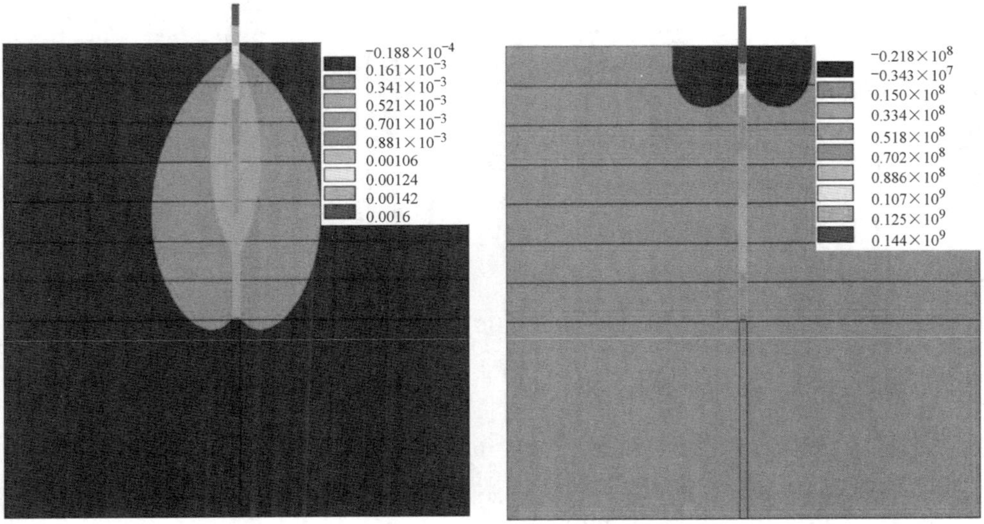

(a) (b)

图 5-4 软岩锚固体竖向位移与竖向应力云图

（a）竖向位移云图；（b）竖向应力云图

软岩中锚杆拉拔试验锚固体的应力特征和硬岩类似，其应力影响范围和位移影响范围相对硬岩更广。

图 5-5 为硬岩中锚杆拉拔试验不同锚杆自由端头位移量下锚杆与岩体的黏结状态及黏锚力分布图。每组图左侧为锚杆与岩体黏结状态图，右侧为黏锚力分布图，上方数字为锚杆自由端头轴向位移量。图 5-5 中锚杆黏结状态黄色代表滑动失效，红色代表黏结良好。从图 5-5 中可以看出，锚杆端头位移为 0. 00005 m 时锚杆锚固段全部处于黏结状态，且锚杆黏锚力在锚固长度约 2. 2 m 处衰减为零，最大黏锚力为 0. 6 MPa。当锚杆自由端头位移增大至 0. 0006 m 时，锚杆锚固段依然全部处于黏结状态，锚杆黏锚力零点依然在深度约 2. 2 m 处，但最大黏锚力增大至 6. 55 MPa。当锚杆自由端头位移增至 0. 0008 m 时，锚杆锚固段在靠近自由段附近出现滑动失效区域，失效区域黏锚力衰减为残余黏锚力，其表面摩擦力为锚杆和围岩接触压力与残余摩擦系数的乘积。锚杆自由端头位移增大至 0. 001 m 和 0. 00119 m 时锚杆的最大黏锚力沿锚杆轴向向岩体深部转移，锚杆锚固段靠近自由段附近滑动失效长度增大，锚固失效界面向深部转移，最大黏锚力几乎保持不变。

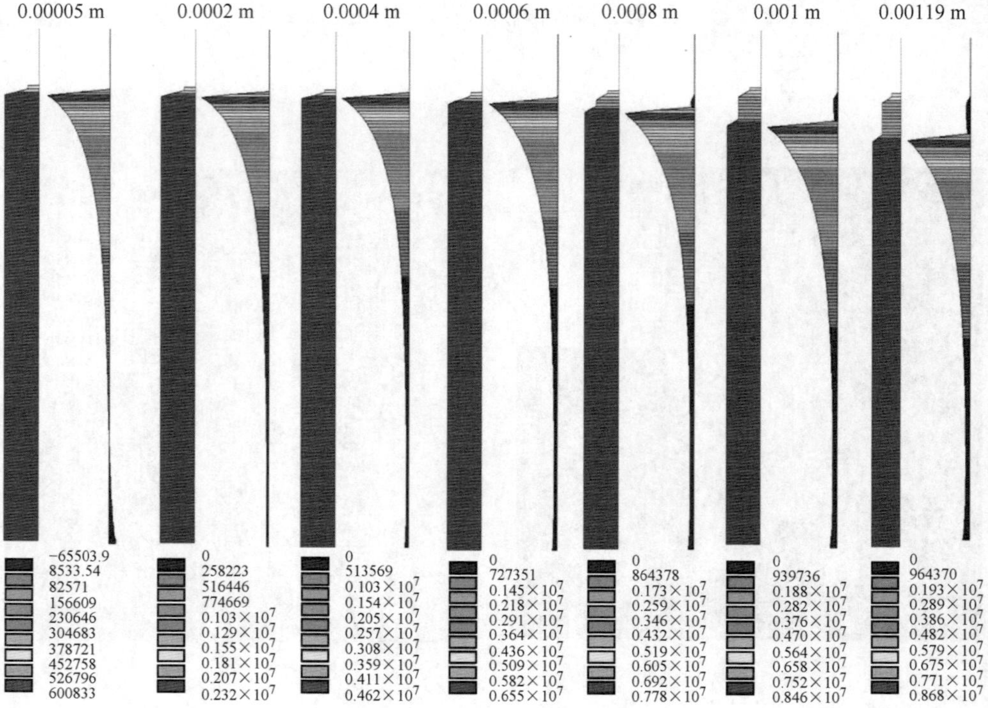

图 5-5　硬岩中锚杆拉拔试验不同锚杆自由端头位移量下锚杆与岩体的黏结状态及黏锚力分布图

图 5-6 为软岩中锚杆拉拔试验不同锚杆自由端头位移量下锚杆与岩体的黏结状态及黏锚力分布图。从图 5-6 中可以看出，锚杆自由端头位移不大于 0. 0008 m 时锚杆锚固段全部处于黏结状态，且锚杆黏锚力在锚固长度约 2. 6 m 处衰减为

零。当位移为 0.0008 m 时最大黏锚力为 4.4 MPa，当锚杆端头位移增大至 0.001 m 时，锚杆锚固段在靠近自由段附近出现滑动失效区域，失效区域黏锚力衰减为残余黏锚力。锚杆自由端头位移增大至 0.001 m 锚杆的最大黏锚力沿锚杆轴向向岩体深部转移，锚固段靠近自由段附近滑动失效长度增大，黏锚力零点也向深部转移，最大黏锚力几乎保持不变。

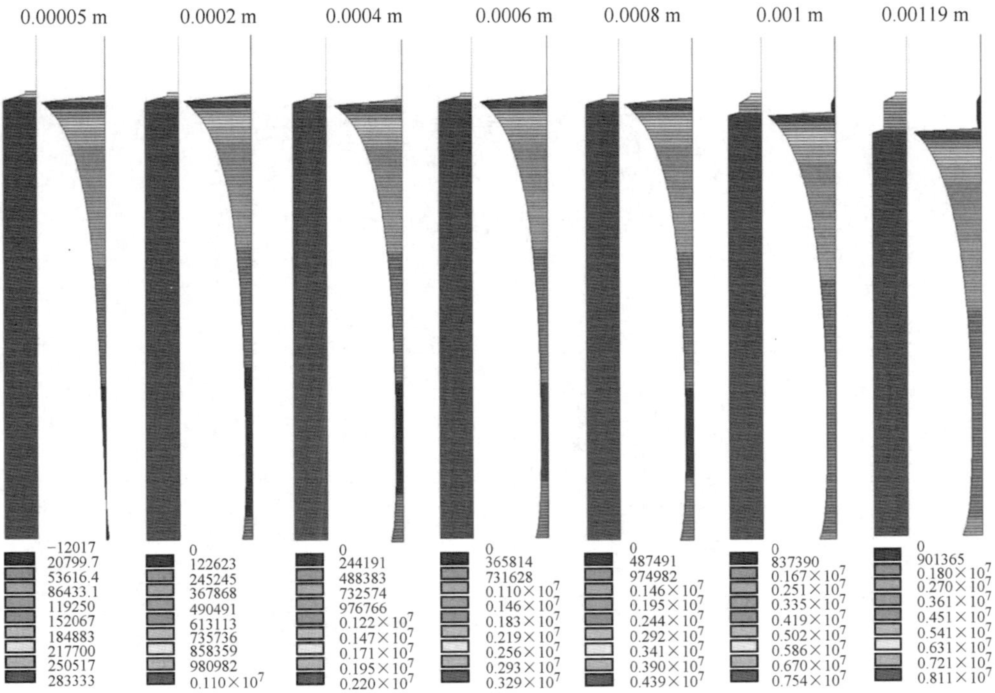

图 5-6 软岩中锚杆拉拔试验不同锚杆自由端头位移量下锚杆与岩体的黏结状态及黏锚力分布图

为了能更为清晰地分析锚杆拉拔过程中锚杆黏锚力、黏结状态、锚杆轴力及锚杆轴向位移的情况，绘制锚杆沿轴向的黏锚力分布曲线图、锚杆轴向应力分布曲线图。

为了分析方便，作如此定义：图中横坐标为沿杆体轴向距锚杆自由端头部位的距离。

图 5-7 和图 5-8 为锚杆在硬岩中拉伸不同自由端头位移量时轴向位移及轴向应力分布曲线图，图 5-9 和图 5-10 为锚杆在软岩中拉伸不同自由端头位移量时轴向位移及轴向应力分布曲线图。图 5-7 ~ 图 5-10 中 U 为锚杆自由端头轴向位移量。

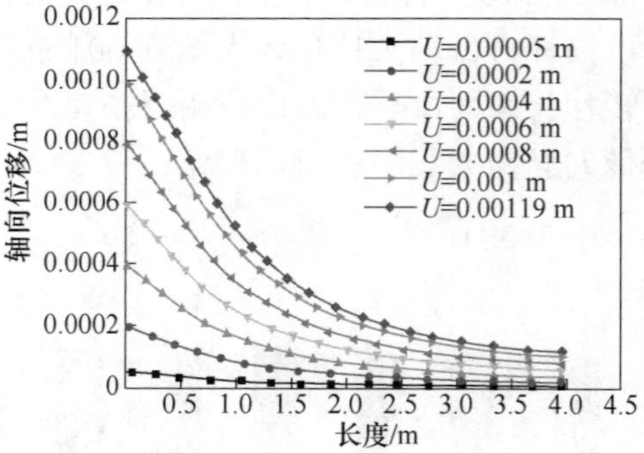

图 5-7　硬岩中锚杆杆体轴向位移曲线图

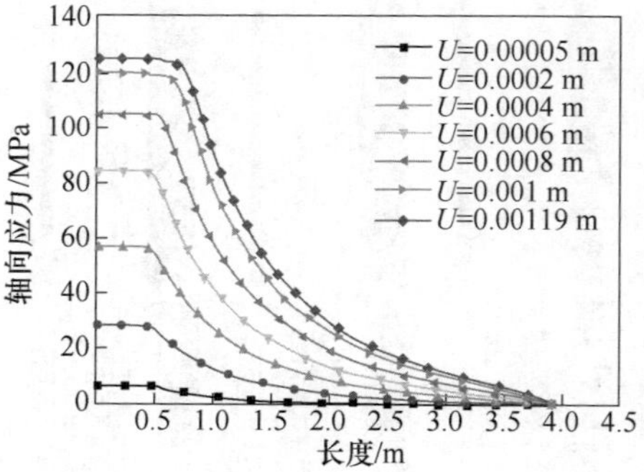

图 5-8　硬岩中锚杆杆体轴向应力曲线图

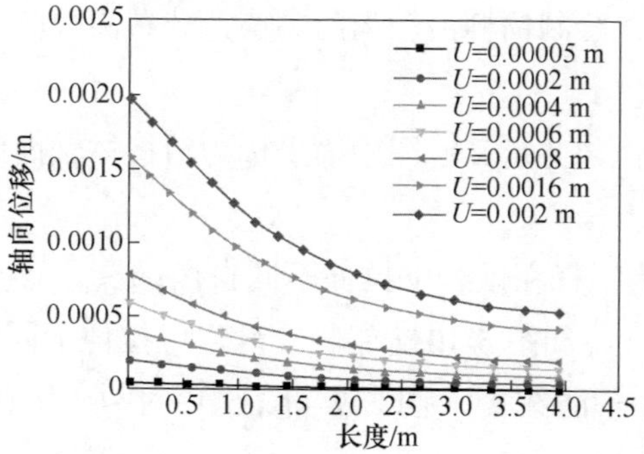

图 5-9　软岩中锚杆杆体轴向位移曲线图

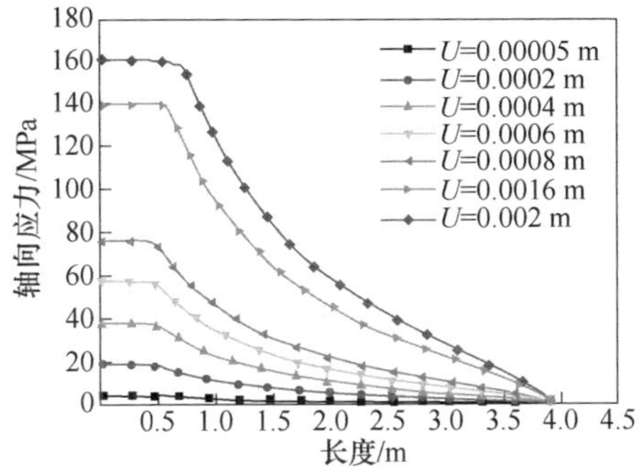

图 5-10 软岩中锚杆杆体轴向应力曲线图

据图 5-7~图 5-10 可知，锚杆轴向变形分布为锚杆自由端头最大，并且沿着锚杆轴线向岩体深部逐渐减小。锚杆轴线各点轴向位移随锚杆端头位移量的增大而增大，增大幅度为越靠近锚杆自由端头越大，杆体轴向位移分布在锚固段基本呈现平滑凹形曲线，在自由段为斜直线。轴向应力的数值反映了锚杆轴力的大小，锚杆轴力等于其轴向应力与锚杆截面面积的乘积。从图 5-7~图 5-10 中可以看出，锚杆轴力分布为自由段最大，且为同一值，从锚固段开始轴力逐渐减小，减小形式为凹型平滑曲线。随着锚杆拉拔力的增大锚杆各点轴力逐渐增大，当锚杆拉拔力达到一定值时靠近锚杆自由段附近部分锚固失效增加了锚杆自由段的长度，锚杆轴力平直线段随拉拔力的增大而变长。

以上分析表明，锚杆黏锚力在岩体中分布呈现为凹形曲线形式，沿杆体向深部黏锚力逐渐减小，最大黏锚力在锚固段与自由段交接处。在不同岩层中黏锚力的作用范围不同，当锚固长度足够大时表现为随着岩体刚度的增大黏锚力作用范围变小，过长的锚固段并不能发挥其全部锚固性能。锚固段最大黏锚力达到极限强度后锚固层面会出现滑动失效，黏锚力在锚杆轴向表现为最大黏锚力向深部转移至新的锚固段与自由段交接处。在其过程中最大黏锚力基本保持不变。锚杆轴力分布表现为自由段是同一值，且为锚杆最大轴力，轴力沿杆体轴向向岩体深部逐渐减小直至黏锚力作用终点的零值，随着锚固段的失效锚杆自由段变长，锚杆最大轴力保持不变。

5.2.2 软、硬岩体中锚杆锚固特性对比分析

前面分析表明软、硬岩体中锚杆拉拔时黏锚力作用范围不同，为了进一步对比软、硬岩中锚杆锚固特性的区别，对比分析锚固不存在失效区域、锚固失效区域相同时软硬岩中锚杆的锚固特性。

图 5-11 为锚杆自由端头位移相同时（自由端头位移量为 0.0002 m）软岩和硬岩中黏锚力沿锚杆锚固段分布图。从图 5-11 中可以看出，位移相同时硬岩的

黏锚力靠近锚杆自由段区域大于软岩，远离锚杆自由段黏锚力硬岩小于软岩，硬岩与软岩的黏锚力从锚杆自由段与锚固段交接面处的最大值沿杆体向深部逐渐减小至零值后基本保持不变。

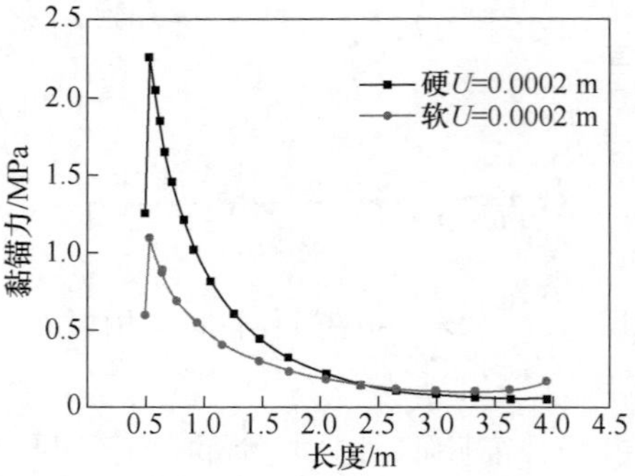

图 5-11　自由端头位移相同时黏锚力分布

图 5-12 为锚固失效长度相同时锚杆的黏锚力分布曲线图。其结果表明，失效长度相同时，硬岩锚杆自由端头位移小于软岩，且软岩锚杆轴力大于硬岩，黏锚力在失效界面处相等，整体表现为锚固长度上黏锚力软岩大于硬岩，且其分布呈现随锚固深度增加差值变大。在锚固段最深部存在端头效应，出现黏锚力增大现象。

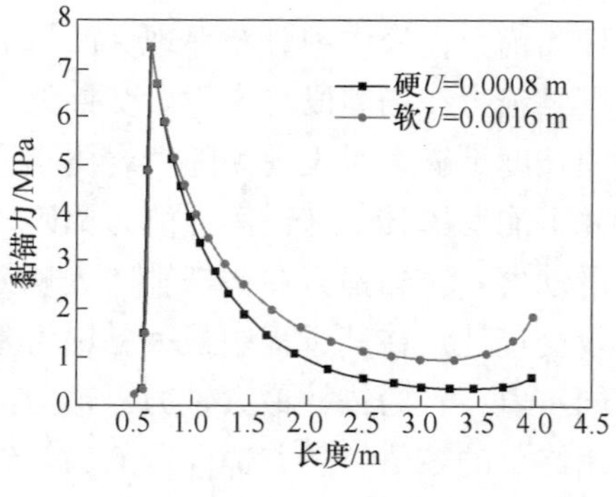

图 5-12　失效长度相同时黏锚力分布

图 5-13 为锚杆自由端头位移相同时锚杆轴向位移图。从图 5-13 中可以看出，软岩中锚杆的轴向位移大于硬岩，且其差值随锚杆轴线向岩体深部逐渐增大。锚杆轴向位移向锚固段深部越来越小。锚杆轴向位移变化率反映锚杆的轴向应变，锚杆一般为低碳钢材料，其本构特性为线弹性，而从图中可知软岩中锚杆轴向变形变化率小于硬岩，由此可知硬岩中锚杆沿杆体轴向向深部轴力衰减速率大于软岩。

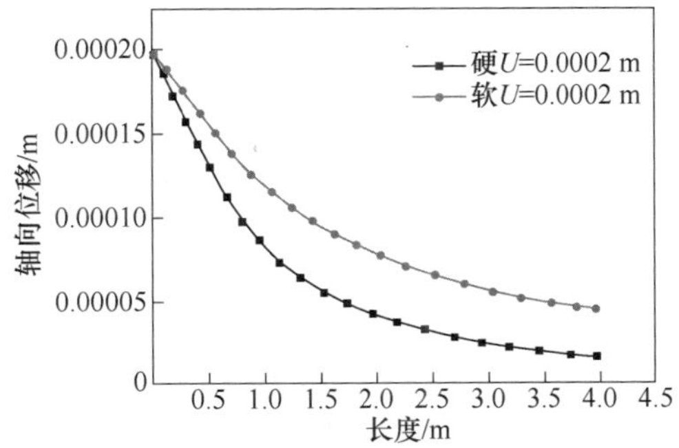

图 5-13 自由端头位移相同时轴向位移分布

图 5-14 为锚杆黏锚力随锚杆自由端头位移变化曲线。其表现特征为随着端头位移的增大锚杆最大黏锚力从零开始增大直到相同的一恒定值，差别在于硬岩黏锚力增大速率大于软岩。

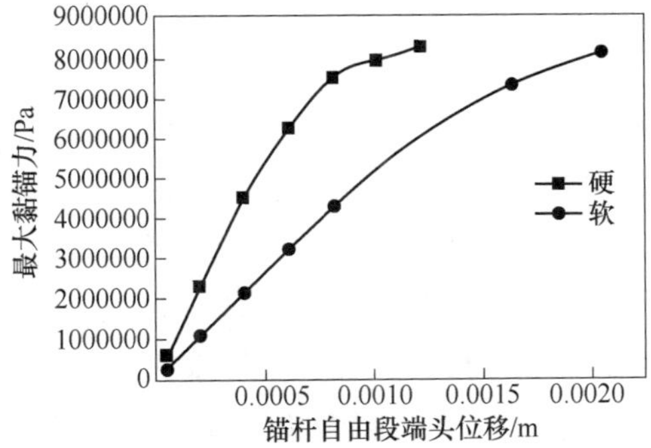

图 5-14 最大黏锚力随自由端头位移变化线

图 5-15 为锚杆最大轴力随锚杆自由端头位移变化曲线。其结果表明，随着端头位移的增大锚杆最大轴力从零开始增大至各自某一特定恒定值，差别在于硬岩最大轴力增大速率大于软岩，软岩最大轴力最终大于硬岩。

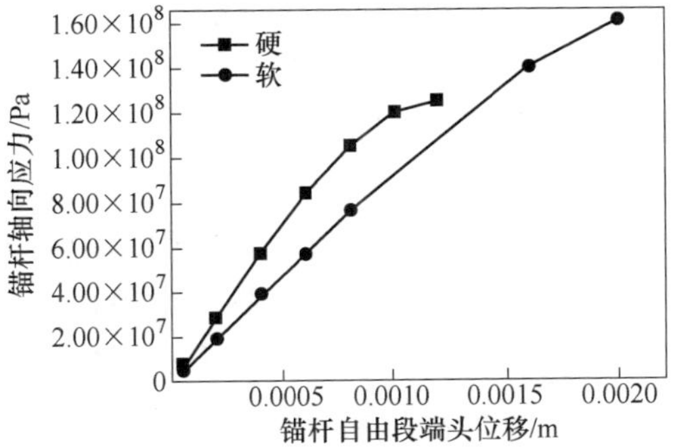

图 5-15 轴力随自由端头位移变化

图 5-16 为锚杆失效长度随锚杆自由端头位移变化曲线。其特征为初始随着位移增大失效长度为零，当位移增大至各自某特定值时，失效长度随着端头位移的增大而增大，其中软岩中失效临界自由端头位移大于硬岩，硬岩失效长度增加速率大于软岩。

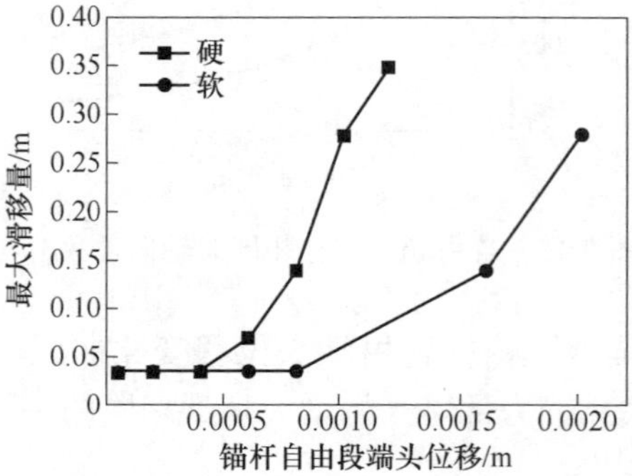

图 5-16　锚固失效长度随自由端头位移变化

通过拟合黏锚力沿锚固段的变化结果得到了黏锚力在锚固段的分布公式：

$$\tau = \frac{\tau_{max}}{(x+k)^2 - k^2 + 1} \tag{5-1}$$

式中　x——距自由段和锚固段的分界面的距离，m；

k——依赖于岩体的刚度和锚杆刚度的常数。

以上分析表明，锚杆在软岩中锚固力作用范围大于硬岩，锚杆自由端头位移相同且黏锚力未达到极限时，硬岩锚杆锚固力大于软岩，黏锚力达到极限后软岩锚固力大于硬岩，在相同锚杆轴力条件下软岩锚杆具有轴向位移大于硬岩的特征。

5.2.3　软硬相间岩层中锚杆的作用特性

在巷道锚杆支护中，锚杆锚固段往往包含多层岩层，而每种岩层的刚度特征并不相同，为此，分析包含软硬相间岩层的锚固体特性与整体刚度相同时锚固特性的区别，以期得到锚固力特性变化规律。

图 5-17 为锚固段包含软硬相间岩层时锚固体竖向位移与竖向应力云图。

竖向应力和位移结果表明，锚杆拉拔力对锚固体的应力影响范围呈现不平滑性，而在刚度相同的锚固体内应力变化呈现平滑特征，应力变化不平滑点发生在岩层界面之间，证明刚度畸变点是巷道应力和变形平滑过渡的拐点。软岩部分应力和位移影响范围具有增大趋势，硬岩部分应力和位移影响范围具有减小趋势。

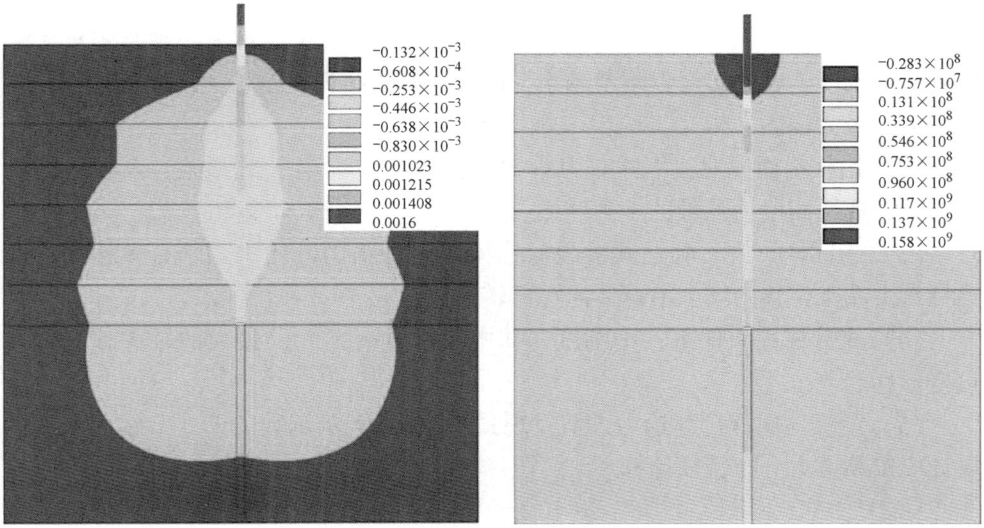

(a)　(b)

图 5-17　锚固段包含软硬相间岩层时锚固体竖向位移与竖向应力云图
（a）竖向位移云图；（b）竖向应力云图

图 5-18 为软硬相间岩层中锚杆黏锚力分布特征。据图 5-18 可知，黏锚力分布和刚度相同岩体相比，其分布具有呈现阶段性连接曲线特征，黏锚力特性分布依据刚度发生改变，当刚度增大时，黏锚力呈现整体相对增大；反之，整体相对减小。

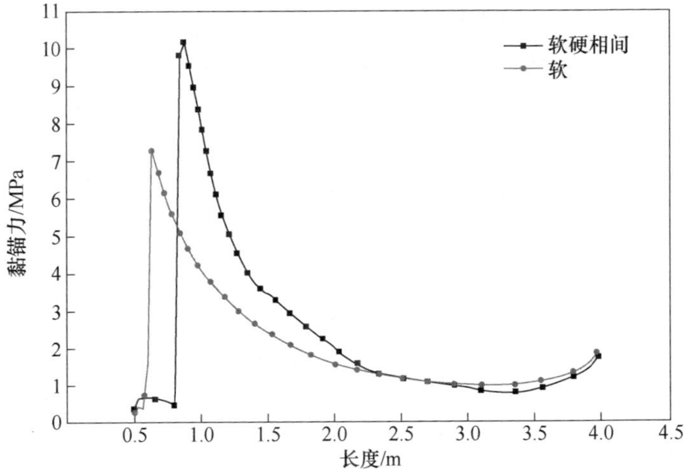

图 5-18　软硬相间岩层中锚杆黏锚力分布特征

综上所述，锚杆拉拔试验研究表明：

（1）锚杆端锚最大有效锚固长度依赖锚杆的刚度、锚固剂的黏结强度和锚固岩体的刚度。表现为岩体刚度越小，最大有效锚固长度越长；锚固剂的黏结强度越大，最大锚固力越大。

（2）锚杆锚固段对锚固体应力影响带呈现“拉力泡”式形式，其拉力泡为以锚杆有效锚固段为长轴的半椭球形。

（3）当锚杆拉拔力到达其极限时锚固段附近锚固开始失效，有效锚固段随锚杆自由端头位移的增大沿杆体向深部转移。

（4）充分锚固条件下，小刚度岩体中锚杆具有更大的最大的轴向作用力和可变形性。

（5）沿杆体向深部黏锚力近似呈现式（5-1）表示函数的形式。锚固长度的设计应按黏锚力分布特征计算。

5.3　锚杆预紧力对裂隙顶板加固作用的试验

巷道围岩中存在大量层理、节理和裂隙等弱面，尤其是在煤巷顶板。在煤系地层中层状结构是巷道围岩的基本结构特征，这种结构特征使得围岩在层面上连续性差，容易发生破断、破碎[191-192]。然而许多巷道在变形过程中围岩已处于破裂乃至破碎状态，锚杆对裂隙围岩的支护规律对于指导巷道围岩支护显得尤为重要，为此，本节通过相似模拟分析锚杆预紧力对巷道裂隙顶板的加固作用。

5.3.1　力学模型的建立

本次模拟中以岩层裂隙体共存两组裂隙面考虑，分别为层里面和节理面。将实际巷道工程简化为平面应变问题，选用长 2 m、高 1.9 m、宽 0.16 m 的平面应变试验台。试验中模型不另外施加载荷，仅考虑岩层自重。试验设计模型示意图如图 5-19 所示。

相似模拟材料采用普通黏土砖作为裂隙体的块体，尺寸为 24 cm×12 cm×5 cm，平均重量为 2.475 kg，换算容重约为 1718.15 kg/m^3，块体之间摩擦角为 34°，模拟岩体内摩擦角 34°，块体之间接触面未填充任何黏结材料。几何相似比为 1∶4。模型开挖 1 m 以模拟巷道跨度 4 m。试验共计 3 次，模型一无锚杆支护，模型二锚杆预紧力为 50 kg，模型三锚杆预紧力为 100 kg，锚杆锚固顶板岩层厚度为 0.63 m（模型锚固块体共 12 层），模拟现场锚固厚度为 2.52 m，锚杆间距为 0.44 m，模拟实际巷道锚杆间距为 1.76 m。模型锚固范围内岩层自重为 267.3 kg。试验中在模型表面布置观测线，测线上下左右间距均为 110 mm，观测模型各测点的位移情况、顶板塌落情况、裂隙发育带和顶板结构变化。

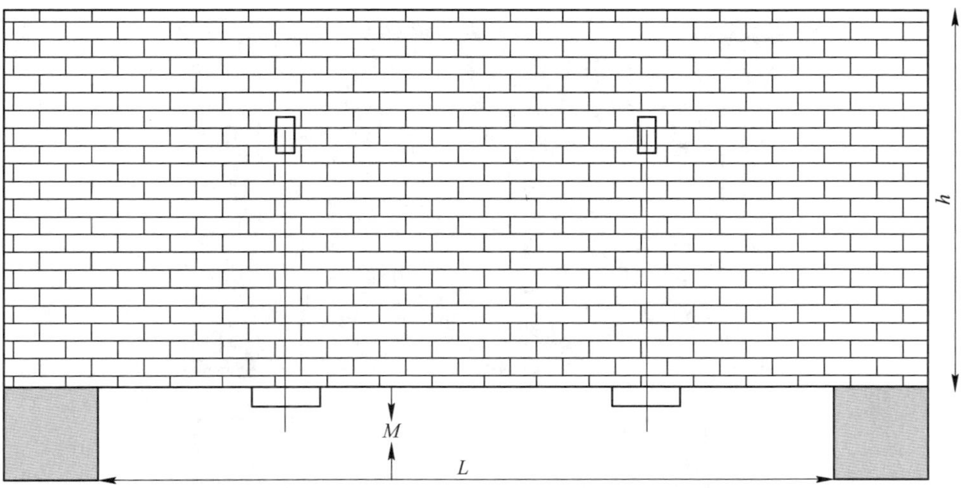

图 5-19 试验设计模型示意图

5.3.2 试验结果分析

根据模拟结果分析三种条件下巷道顶板的裂隙分布、位移特征。图 5-20 反映了无锚杆支护下顶板岩层变形及破坏情况。

图 5-20 无锚杆支护下顶板岩层变形及破坏情况

从图 5-20 中可以看出，在无锚杆支护下巷道开挖后顶板垮落，形似冒落拱型特征，顶板冒落高度约为 25 cm，换算成实际巷道尺寸为 1 m。上方顶板结构依次为似三铰拱结构（共三层）和离层带。随着高度的增加，顶板垮落的宽度、拱结构和离层的跨度逐渐减小。

图 5-21 反映了不同预紧力下顶板岩层变形及破坏情况。图 5-21 中黑色点划线为锚杆锚固位置，图 5-21(a) 为锚杆预紧力为 50 kg 下顶板变形图（即模型二），

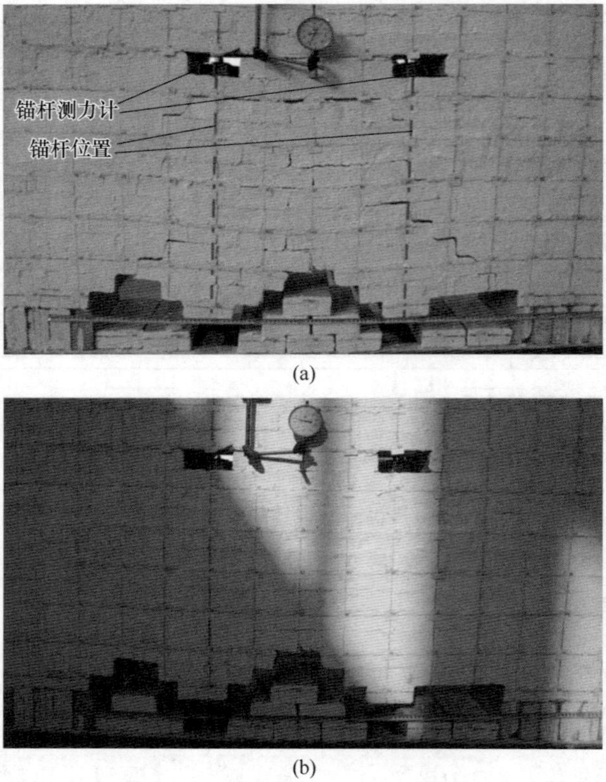

图 5-21　不同预紧力下顶板岩层变形及破坏情况
(a) 50 kg 预紧力；(b) 100 kg 预紧力

图 5-21(b) 为锚杆预紧力为 100 kg 下顶板变形图（即模型三）。据图 5-21 可知，50 kg 预紧力下顶板结构稳定性得到了改善，顶板表面围岩在锚杆的作用下悬吊于上部稳定岩层中，往深部依次为三铰拱结构带、离层带和弯曲下沉带。高预紧力锚杆支护下没有明显的结构和离层，在顶板表面存在小范围的裂隙发育区。

为了能清楚地对比三种方案下顶板裂隙带的范围，根据模型表面裂隙带明显开裂的迹线边界绘制其裂隙带范围示意图（见图 5-22）。

据图 5-22 可知，裂隙带分布规律为：无锚杆支护时为近似锥形，低预紧力锚杆支护时为近似梯形，高预紧力锚杆支护时为半椭圆形。裂隙范围为：低预紧力锚杆支护>无锚杆支护>高预紧力锚杆支护。然而，根据顶板围岩冒落图分析可知，无锚杆支护顶板冒落区域大，存在裂隙区域范围小是由于顶板形成了水平挤压拱。为此，对于裂隙顶板，锚杆的预紧力发挥了使裂隙体挤压、内部节理压实，从而增强了裂隙层面的抗剪强度，整体上提高了裂隙体的承载能力，预紧力越高效果越明显。

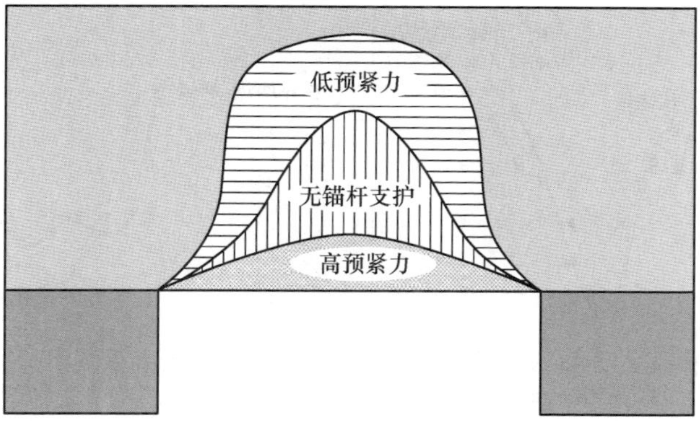

图 5-22　不同方案下顶板裂隙带范围示意图

图 5-23 为 50 kg 预紧力锚杆支护下顶板不同高度水平测点铅垂位移曲线和 100 kg 预紧力锚杆支护下顶板不同高度水平测点铅垂位移曲线。

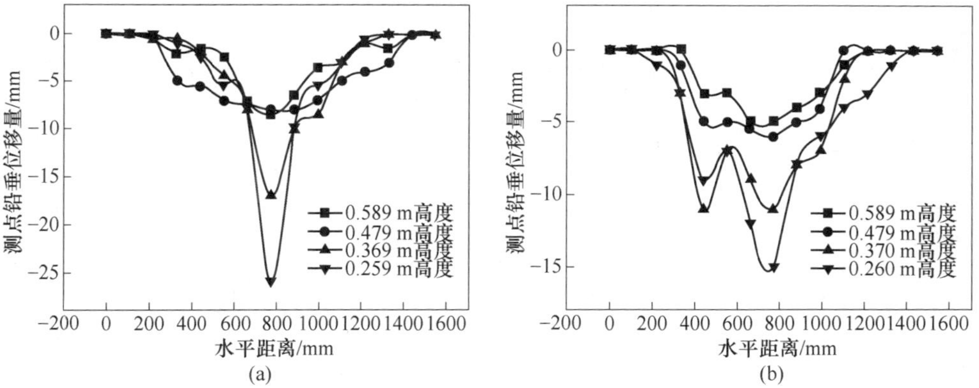

图 5-23　顶板不同高度水平线围岩测点位移曲线
(a) 模型二；(b) 模型三

图 5-24 为顶板 4 个高度水平测点 50 kg 和 100 kg 预紧力锚杆支护下位移对比曲线。

图 5-24 中曲线特征表明，同一水平高度顶板测点在不同锚杆预紧力下位移量不同，仅考虑锚杆预紧力因素下，表现为锚杆预紧力越大同一测点围岩位移量越小，巷道变形越小，锚固效果越好。位移趋势为上部围岩下沉范围大，下沉值小，从下向上由漏斗型逐渐演化为平底锅型。同一水平高度越靠近顶板中央、预紧力越低，顶板围岩下沉量越大。

综上所述，通过研究锚杆预紧力对裂隙顶板岩层稳定性的影响，主要得到以下结论：

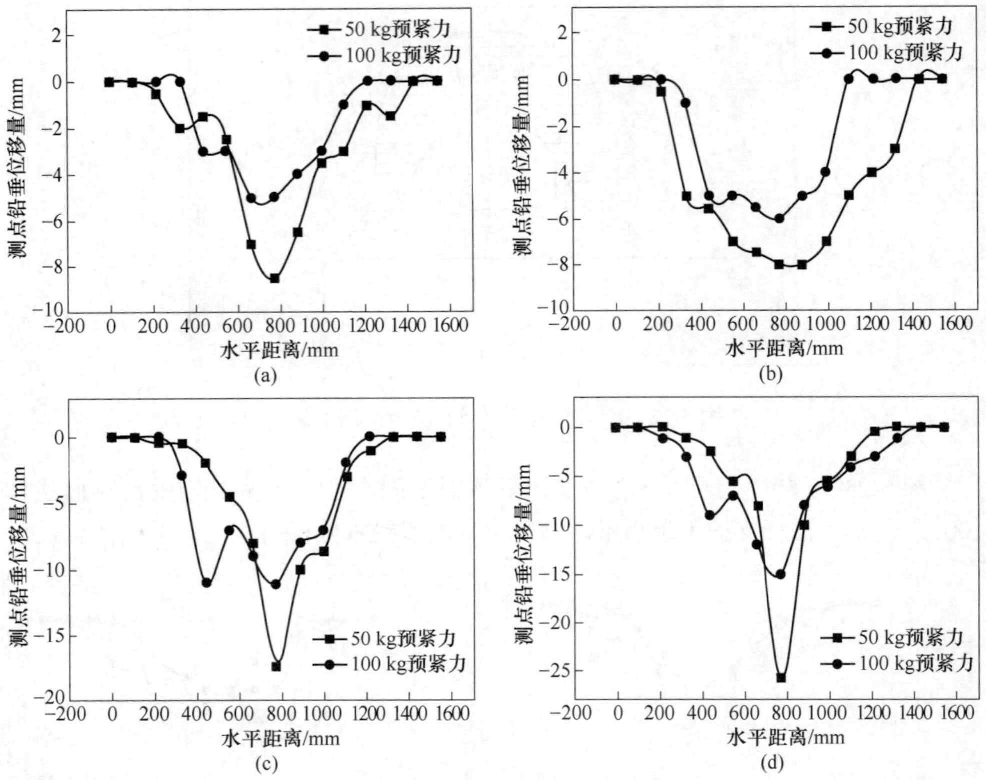

图 5-24　不同预紧力下围岩测点位移曲线

（a）0.589 m 高度；（b）0.479 m 高度；（c）0.369 m 高度；（d）0.259 m 高度

（1）锚杆支护对于维护裂隙体顶板具有明显效果，尤其是锚杆的预紧力可以减弱顶板的变形和破坏。

（2）锚杆预紧力较小时，裂隙顶板开裂范围稍大于无锚杆支护，锚固部分岩体形成一个松动的整体结构，其特征为三铰拱结构和悬吊冒落体结构的组合稳定结构。

（3）其他条件相同下，锚杆预紧力越大，巷道顶板变形量越小，顶板裂隙带深度随着锚杆预紧力的增大先增大后减小。当锚杆预紧力足够大时，巷道顶板只在浅部形成小范围的裂隙松动区域。

（4）随着巷道开挖宽度的增大，顶板下沉量逐渐增大，巷道顶板变形关于巷道中心铅垂线对称，当开挖跨度增大到一定程度时，顶板岩层出现似三铰拱结构。在无支护条件下低位三铰拱逐渐失稳垮落，上覆岩层形成新的三铰拱结构；在锚杆支护下，顶板岩层形成多层三铰拱组成的整体厚锚固板或体结构。

（5）锚杆加固裂隙顶板下随着巷道开挖跨度的增大锚固端头出现下沉，锚固端头下沉量在高预紧力条件下明显低于低预紧力。

（6）预应力锚杆支护裂隙顶板随着巷道开挖宽度的增加锚杆支护力先减小后增大，存在支护力变化的拐点，拐点产生于顶板三铰拱结构形成时。

（7）锚杆的锚固力随锚固段的滑移量增大而减小，实际工程支护中锚固段处于软弱岩层或锚固强度不足时容易造成锚固失效，从而导致锚杆支护减弱或失效。

（8）锚杆预紧力可以使巷道顶板处于压缩状态，形成挤压加固带，从而阻止围岩应力对顶板的破坏，削弱了围岩的破坏和岩层的离层。高预紧力可以使围岩破碎带成为似整体结构，具有较高的承载能力并改善围岩应力状态，提高围岩的力学性能。

（9）对于裂隙顶板，锚杆支护不仅具有挤压加固和悬吊作用，还具有一定的减跨作用。

5.4　锚杆对锚固岩层作用的机理与应用启示

本章结合数值模拟与物理相似模拟试验，系统分析了锚杆拉拔试验特性和锚固预紧力对巷道裂隙顶板的锚固作用，深入研究了锚杆作用力的形成机理、黏锚力的分布特征及预紧力与锚固效果的相互关系。研究结果揭示了锚杆在复杂围岩条件下的力学行为特性，并为优化锚固设计提供了科学依据和实践指导。主要研究发现和启示如下：

（1）黏锚力分布特征与锚固长度设计。在端锚条件下，不同刚度锚固岩层的黏锚力分布特征表现出高度相似性，其最大有效锚固长度主要取决于锚固剂、锚固岩层及锚杆的力学特性。研究表明，黏锚力的分布特征符合特定规律（见式（5-1）），锚固长度的设计应以此为基础进行合理优化，以确保锚固效果的稳定性。

（2）锚杆“拉力泡”效应。锚固端对锚固体应力的影响范围呈现“拉力泡”形式，其形状为以锚杆有效锚固段为长轴的半椭球体。这一特征表明锚固岩层的受力区域具有空间分布特性，对锚固系统设计具有重要参考价值。

（3）锚杆轴向力与岩层刚度的关系。当锚固长度足够大时，刚度较低的岩层中锚杆可发挥更大的最大轴向作用力，同时具有更高的可变形性。然而，当锚杆拉拔力达到极限时，锚固段会发生失效，导致有效锚固段随锚杆自由端头位移的增大而逐步向深部转移，这一规律对锚固系统的长期稳定性评价提供了重要依据。

（4）预紧力的作用机理与设计优化。锚固系统的预紧力和锚固应力是维系锚固岩层抗剪强度的关键外在条件。研究表明，增加锚杆的预紧力能够有效提高锚固岩层的峰值强度和残余强度，同时显著缩小围岩破坏区和冒落区范围。然而，若锚固岩层发生过量变形，其抗剪强度将从峰值强度迅速降低至残余强度，最终可能导致锚固系统失效，从而引发巷道不稳定。

本章内容为深部复杂条件下锚杆支护的优化设计提供了重要理论基础和实践指导。锚杆的作用不仅在于改善围岩的受力状态，还通过合理的锚固长度设计和预紧力调整，显著提升了围岩的整体稳定性。

本章彩图

6 峰后大变形巷道围岩控制原理

6.1 引　言

巷道围岩的控制原理和支护方式直接影响着巷道的稳定性特征。前期的研究表明，不同巷道围岩所经历的变形阶段是不同的，围岩的结构特征在巷道变形过程中也呈现出显著的变化。总体来看，围岩的结构可以分为连续体（弹性与塑性变形阶段）、半连续结构体（层状、块体）及非连续体（破碎状态、散体状态）。这些不同的结构特征要求在不同的变形阶段采取不同的支护措施，而锚杆支护因其独特的适应性，能够在多种围岩结构状态下发挥不同的作用。如何根据围岩的变形特征选择合适的支护方式，不能仅仅依赖于单一的判断标准，而需要综合考虑岩体的力学性质、变形状态及破坏机理。

煤矿开采中各种巷道由于其工程条件的不同而表现出的稳定性各异，分析研究表明，巷道围岩处于弹性阶段和塑性阶段围岩物性表现为连续介质的特性，且弹塑性变形很小，因此对于巷道可以自稳且自稳后围岩仍为弹塑性的巷道理论上不必采取支护。对于自稳后巷道表面围岩发生破坏的巷道，应采取表面挂网和喷浆等措施维持巷道表面围岩的完整性，防止其他因素影响导致围岩力学性质劣化，从而出现更大区域的破坏。因此，对于图 3-39 所提的曲线 a 和曲线 b，提前预测巷道可能的断面收缩，确保巷道围岩稳定后断面满足服务需求；对于曲线 c，可以在围岩自稳前采取措施维护围岩表面完整，防止围岩表面破裂；对于曲线 d 和曲线 e，在巷道围岩维持稳定所需支护力趋于最小值之前进行支护；曲线 f 所需巷道支护力基本不变，巷道支护越早越好，应初始注浆、衬砌加固。根据前面对巷道围岩-支护作用机理的分析可以知道，巷道围岩破碎后巷道平衡是围岩的破坏和结构形成的反复过程。为此，围岩峰后支护的主要依据为巷道破碎区的延伸与结构的失稳，破碎区的发展主要基于围岩应力状态，而结构的形成主要依赖于围岩的破断位置、岩层的厚度、巷道跨度及围岩变形量等特征。

本章将基于巷道围岩的层状特性，深入分析围岩在不同变形阶段的物理性质、结构特征和应力特征，揭示巷道不同变形阶段的支护原理及适合的锚固方式。通过这一研究，旨在为有效控制巷道围岩稳定性提供更加精准的理论依据和支护策略，帮助工程实践中制定合理的支护方案，提高巷道的安全性与稳定性。

6.2　岩层层面应力特征分析

煤矿巷道典型的地质特征是围岩为层状结构，巷道的稳定性及其破坏过程都具有鲜明的层状结构特征，因此对巷道进行支护以前首先应该掌握层状岩体条件下巷道的应力特征，尤其是层面应力特征。在分析巷道围岩层面应力特征时，认为水平应力和铅垂应力均为主应力，研究侧压系数不同时围岩的层面应力特征。

6.2.1　水平双向应力相等时的层面应力特征

为了分析顶板岩层层面的应力和位移特性，视巷道断面为圆形，利用弹性理论予以分析。

图 6-1 为均匀应力场中巷道顶板岩层层面应力示意图。以图 6-1 中所建立坐标系来推导岩层层面间的应力分布。

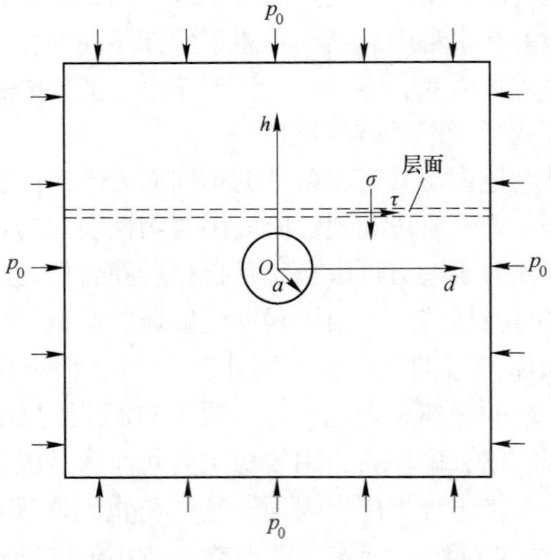

图 6-1　巷道顶板岩层层面应力分析图

a—巷道半径，m；d—距巷道中心的水平距离，m；h—距巷道中心的高度，m；
p_0—原岩应力，MPa；τ—岩层层面间的剪应力，MPa；σ—岩层层面间的正应力，MPa

根据弹性理论可以求得，在距圆形巷道中心半径为 r、角度为 θ 处，水平层面上的应力分量：

$$\sigma = \frac{1}{2}(\sigma_r + \sigma_\theta) + \frac{1}{2}(\sigma_r - \sigma_\theta)\cos2\theta = p\left(1 - \frac{a^2}{r^2}\cos2\theta\right) \tag{6-1}$$

$$\tau = -\frac{1}{2}(\sigma_r - \sigma_\theta)\sin2\theta = p\,\frac{a^2}{r^2}\sin2\theta \tag{6-2}$$

利用式（6-1）和式（6-2）可求得 τ/σ 的表达式：

$$\frac{\tau}{\sigma}=\frac{\frac{a^2}{r^2}\sin 2\theta}{1-\frac{a^2}{r^2}\cos 2\theta} \tag{6-3}$$

由图形几何关系可以得到：

$$r^2=d^2+h^2 \tag{6-4}$$

据此可以求得：

$$\sin\theta=\frac{d}{\sqrt{d^2+h^2}} \tag{6-5}$$

$$\cos\theta=\frac{h}{\sqrt{d^2+h^2}} \tag{6-6}$$

进而求得：

$$\sin 2\theta=\frac{2dh}{d^2+h^2} \tag{6-7}$$

$$\cos 2\theta=\frac{h^2-d^2}{d^2+h^2} \tag{6-8}$$

把式（6-7）和式（6-8）代入式（6-3）可以得到：

$$\frac{\tau}{\sigma}=\frac{\frac{a^2}{r^2}\sin 2\theta}{1-\frac{a^2}{r^2}\cos 2\theta}=\frac{2a^2dh}{(d^2+h^2)^2-a^2(h^2-d^2)} \tag{6-9}$$

根据式（6-9），绘制在图 6-2 中所示 5 个不同高度层面上 τ/σ 随 d 的变化曲线。

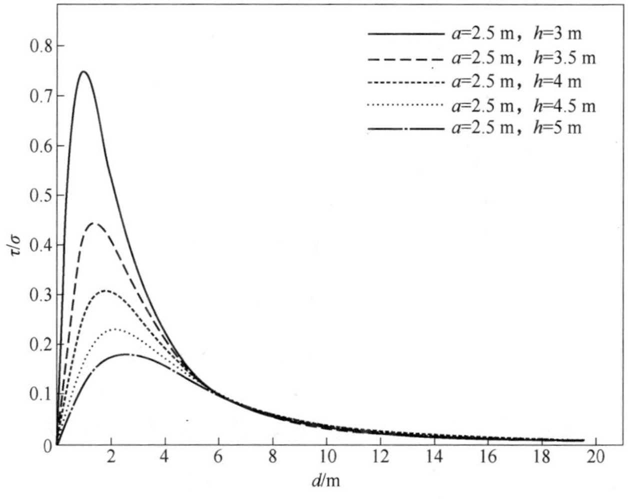

图 6-2 τ/σ 随 d 的变化曲线

从图 6-2 中可知，巷道中心上方岩层层面间的 τ/σ 为 0，沿岩层层面水平远离巷道中心，层面之间 τ/σ 是从巷道中心正上方的 0 急剧增大到最大值，随后缓慢降低到 0 值。距巷道中心水平距离相同情况下，岩层层面距离巷道中心的高度越大，τ/σ 值越小。不同高度层面上 τ/σ 的峰值特性为：层面越高，τ/σ 的峰值越小，峰值处距巷道中心水平距离越大。

为了确定不同高度处层面 τ/σ 取得峰值时 τ/σ 和 d 的值，通过数学推导来求峰值处 τ/σ 和 d 的计算式。

τ/σ 对 d 求导，并令其为 0，可以得到下式：

$$\frac{\partial\left(\frac{\tau}{\sigma}\right)}{\partial d} = \frac{\partial\left(\frac{2a^2dh}{(d^2+h^2)^2 - a^2(h^2-d^2)}\right)}{\partial d} = 0 \tag{6-10}$$

简化后变为：

$$h^2 - 3d^2 - a^2 = 0 \tag{6-11}$$

求解可以得到：

$$d = \sqrt{(h^2 - a^2)/3} \tag{6-12}$$

把式（6-12）代入式（6-9）可以得到峰值时的 τ/σ 的计算式如下：

$$\tau/\sigma = \frac{6\sqrt{3}\cdot a^2\cdot h\cdot\sqrt{h^2-a^2}}{(4h^2-a^2)^2 - 3a^2\cdot(2h^2+a^2)} \tag{6-13}$$

6.2.2　水平双向应力不等时的层面应力特征

侧压系数为 λ 时的巷道围岩层面应力分析模型如图 6-3 所示。

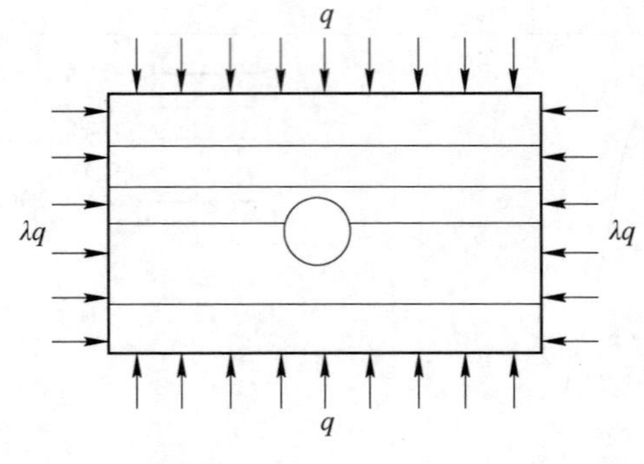

图 6-3　侧压巷道岩层应力分析模型

在距圆形巷道中心半径为 r、角度为 θ 处水平层面上的应力分量：

$$\sigma_r = \frac{1}{2}(1+\lambda)p\left(1-\frac{a^2}{r^2}\right) + \frac{1}{2}(1-\lambda)p\left(1-4\frac{a^2}{r^2}+3\frac{a^4}{r^4}\right)\cdot\cos 2\theta \tag{6-14}$$

$$\sigma_\theta = \frac{1}{2}(1+\lambda)p\left(1+\frac{a^2}{r^2}\right) - \frac{1}{2}(1-\lambda)p\left(1+3\frac{a^4}{r^4}\right)\cdot\cos2\theta \tag{6-15}$$

$$\tau_\theta = -\frac{1}{2}(1-\lambda)p\left(1+2\frac{a^2}{r^2}-3\frac{a^4}{r^4}\right)\cdot\sin2\theta \tag{6-16}$$

岩层层面上正应力和剪应力为：

$$\sigma = \sigma_r\cdot\cos^2\theta + \sigma_\theta\cdot\sin^2\theta + 2\tau_{r\theta}\cdot\sin\theta\cdot\cos\theta \tag{6-17}$$

$$\tau = (\sigma_r - \sigma_\theta)\cdot\cos\theta\cdot\sin\theta + \tau_{r\theta}\cdot(\sin^2\theta - \cos^2\theta) \tag{6-18}$$

代入计算得到：

$$\begin{aligned}\sigma = {} & \frac{1}{2}(1+\lambda)p + \left[-\frac{1}{2}(1+\lambda)a^2(h^2-d^2) + \right.\\ & \left.\frac{1}{2}(1-\lambda)(h^2-d^2)^2 + 2(1-\lambda)h^2d^2\right]\cdot\frac{p}{r^4} + \\ & [-2(1-\lambda)a^2h^2(h^2-d^2) + 4a^2h^2d^2]\cdot\frac{p}{r^6} + \\ & \left[\frac{3}{2}(1-\lambda)a^4(h^2-d^2)^2 - 6(1-\lambda)a^4h^2d^2\right]\cdot\frac{p}{r^8}\end{aligned} \tag{6-19}$$

$$\begin{aligned}\tau = {} & (1+\lambda)a^2hd\cdot\frac{p}{r^4} + 4(1-\lambda)a^2hd(h^2-d^2)\cdot\frac{p}{r^6} - \\ & 6(1-\lambda)a^4hd(h^2-d^2)\cdot\frac{p}{r^8}\end{aligned} \tag{6-20}$$

换算为距巷道层面距离为 h 的岩层层面上为：

$$\begin{aligned}\sigma = {} & d^8 + \frac{1}{2}[(1+\lambda)a^2 + 8h^2]\cdot d^6 + \frac{1}{2}[12h^4 + (13-11\lambda)a^2h^2 + \\ & 3(1-\lambda)a^4]\cdot d^4 + \frac{1}{2}[8h^6 + (7-9\lambda)a^2h^4 - 18(1-\lambda)a^4h^2]\cdot d^2 + \\ & \frac{1}{2}[2h^8 + (3\lambda-5)a^2h^6 + 3(1-\lambda)a^4h^4]\end{aligned} \tag{6-21}$$

$$\begin{aligned}\tau = {} & \frac{1}{2}(10\lambda-6)a^2hd^5 + \frac{1}{2}[12(1-\lambda)a^4 + 4(1+\lambda)a^2h^3]\cdot d^3 + \\ & \frac{1}{2}[(10-6\lambda)a^2h^5 - 12(1-\lambda)a^4h^3]\cdot d\end{aligned} \tag{6-22}$$

层面剪应力与正应力的比值为：

$$\frac{\tau}{\sigma} = \frac{\begin{gathered}(10\lambda-6)a^2hd^5 + [12(1-\lambda)a^4 + 4(1+\lambda)a^2h^3]\cdot d^3 + \\ [(10-6\lambda)a^2h^5 - 12(1-\lambda)a^4h^3]\cdot d\end{gathered}}{\begin{gathered}2d^8 + [(1+\lambda)a^2 + 8h^2]\cdot d^6 + [12h^4 + (13-11\lambda)a^2h^2 + \\ 3(1-\lambda)a^4]\cdot d^4 + [8h^6 + (7-9\lambda)a^2h^4 - 18(1-\lambda)a^4h^2]\cdot d^2 + \\ [2h^8 + (3\lambda-5)a^2h^6 + 3(1-\lambda)a^4h^4]\end{gathered}} \tag{6-23}$$

作如下标记：

$A=(10\lambda-6)a^2h$

$B=12(1-\lambda)a^4+4(1+\lambda)a^2h^3$

$C=(10-6\lambda)a^2h^5-12(1-\lambda)a^4h^3$

$D=2$

$E=12h^4+(13-11\lambda)a^2h^2+3(1-\lambda)a^4$

$F=8h^6+(7-9\lambda)a^2h^4-18(1-\lambda)a^4h^2$

$H=2h^8+(3\lambda-5)a^2h^6+3(1-\lambda)a^4h^4$

则剪应力与正应力比值变为：

$$\frac{\tau}{\sigma}=\frac{A\cdot d^5+B\cdot d^3+C\cdot d}{D\cdot d^8+E\cdot d^6+F\cdot d^4+G\cdot d^2+H} \tag{6-24}$$

通过求导数来获得曲线极值点，即

$$\frac{\partial\left(\dfrac{\tau}{\sigma}\right)}{\partial d}=0$$

可以得到下式：

$$-3AD\cdot d^{12}-(AE+5BD)\cdot d^{10}+(AF-3BE-7CD)\cdot d^8+(3AG-BF-5CE)\cdot d^6+(5AH+BG-CF)\cdot d^4+(3BH-CG)\cdot d^2+CH=0 \tag{6-25}$$

根据上式求解可以得到各个层面水平上剪应力与正应力比值的极值点位置。

图 6-4 为不同侧压条件下巷道层面剪应力与正应力比值从巷道顶板中央水平

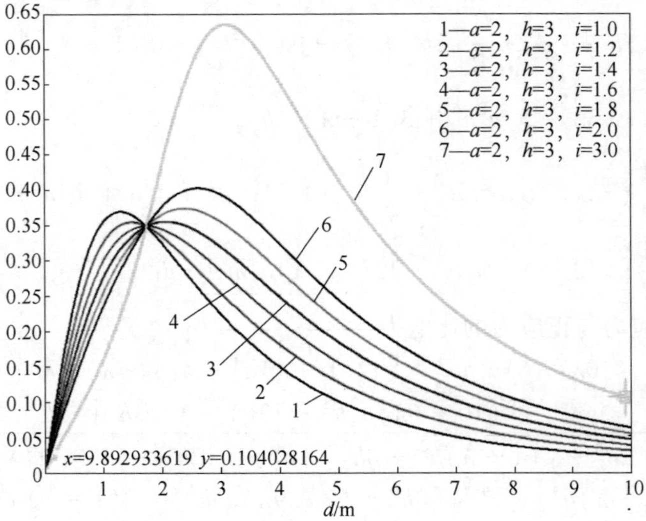

图 6-4　不同侧压条件下巷道层面剪应力与正应力比值分布曲线

向外变化的曲线。图 6-4 中 a 为巷道半径，m；h 为巷道顶板层面高度，m；i 为侧压系数 λ，巷道断面直径为 4 m。其中曲线为巷道顶板上方 1 m 高度（$h-a$）层面的剪应力与正应力比值变化曲线。从图 6-4 中可以看出，随着侧压系数的增大，τ/σ 的值逐渐减小，当减小到一特定值时开始增大，τ/σ 的最大值随着侧压系数的增大逐渐向巷道帮部深处移动，层面 τ/σ 随着侧压系数的变化都经过同一交点。

图 6-5 为不同侧压系数下层面 τ/σ 极值点距巷道中心水平距离随层面高度的变化曲线。从图 6-5 中可以看出，随着侧压系数的增大，τ/σ 最大值位置离巷道中心水平距离越来越大；同一侧压系数条件下随着高度的增大，τ/σ 最大值位置离巷道中心水平距离越来越大，侧压系数越大曲线斜率越大。

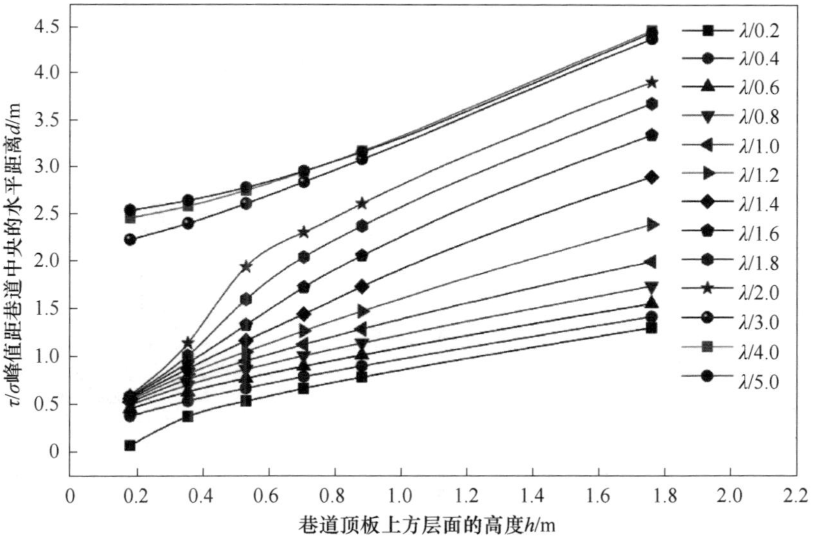

图 6-5　极值点位置随高度变化曲线

图 6-6 为不同侧压系数条件下 τ/σ 最大值随岩层层面高度变化曲线。据图 6-6 可知，层面越高，τ/σ 的最大值越小。

图 6-7 为不同高度层面上 τ/σ 最大值位置距巷道中心水平距离随侧压系数变化曲线。据图 6-7 可知，巷道层面越高，其 τ/σ 最大值位置距巷道中心水平距离越大，侧压系数越大，其 τ/σ 最大值位置距巷道中心水平距离越大。分析其变化趋势可以发现侧压系数小于 2 时，随着侧压系数的增大层面 τ/σ 的峰值点距巷道中心水平距离增大较快，当侧压系数超过 2 时，τ/σ 的峰值点距巷道中心水平距离增大放缓。

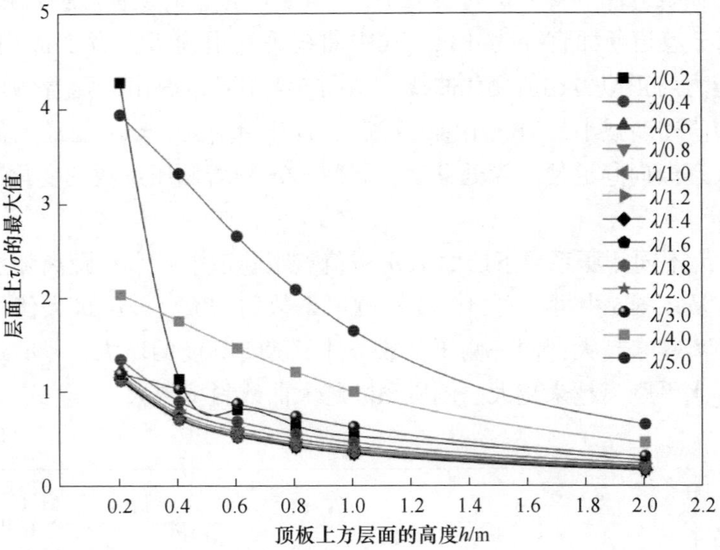

图 6-6　极值随高度变化曲线

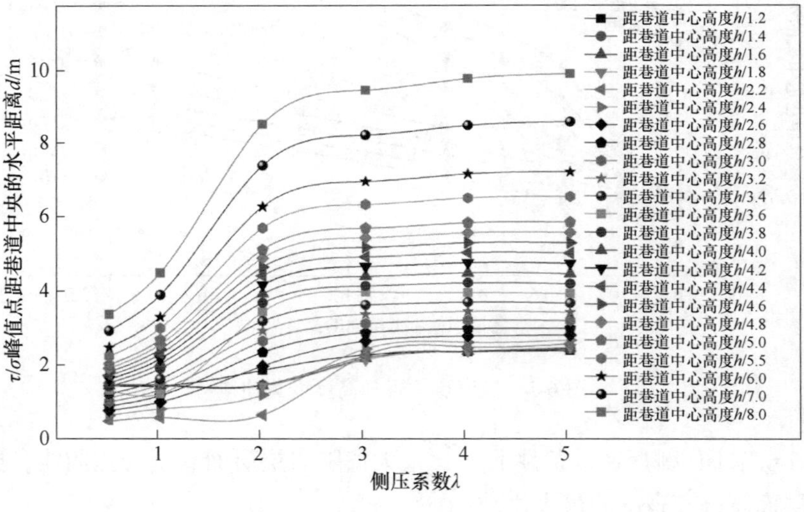

图 6-7　极值点位置随侧压系数变化曲线

图 6-8 为不同层面高度上 τ/σ 最大值与侧压系数间的关系曲线。从图 6-8 中可以看出，随着侧压系数的增大，τ/σ 最大值表现为先缓慢减小，随后缓慢增大，增大速率越来越大，层面位置越高 τ/σ 最大值越小。

为了能清楚地反映 τ/σ 随巷道层面高度和侧压系数的变化特征，特别绘制侧压系数为 1 和 1.5 时 τ/σ 随巷道高度和侧压系数的变化曲面（见图 6-9）。

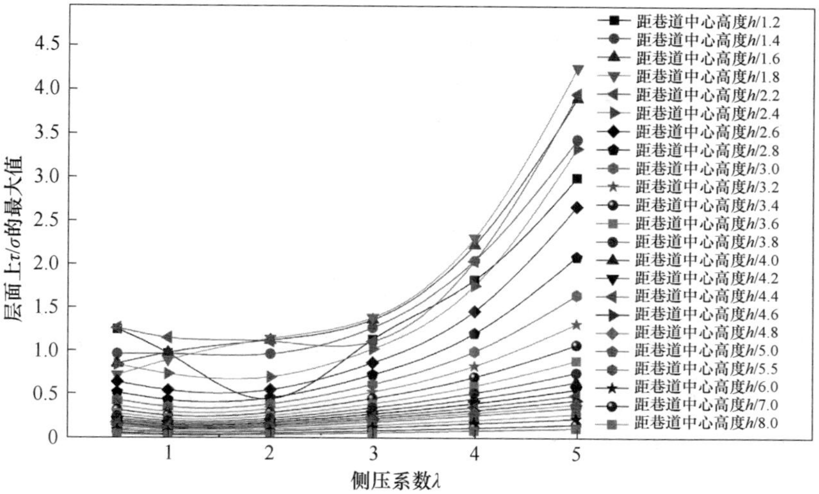

图 6-8 极值随侧压系数变化曲线

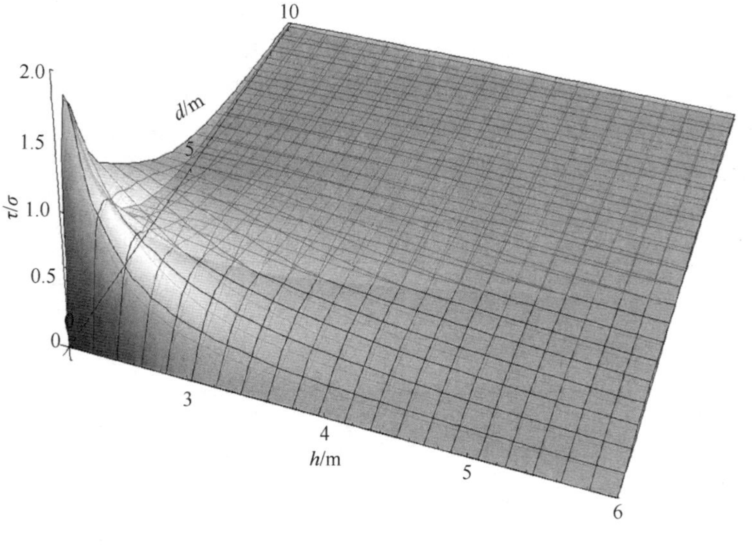

图 6-9 不同侧压条件下巷道层面剪应力与正应力比值分布曲面

图 6-9 中，h 为层面高度，m，其相对顶板的高度为 $(h-2)$m；d 为距巷道中心的水平距离，m；τ/σ 为层面正应力与剪应力的比值。图 6-9 中蓝色线网面为侧压系数 λ 为 1 时的 τ/σ 曲面，黄色线网面为 λ 为 1.5 时的 τ/σ 曲面。从图 6-9 中可以看出，在巷道中央一定宽度侧压系数小时的 τ/σ 值大，随着高度的增加宽度范围增加。

以上分析表明，巷道围岩由于其结构特性为层状使得其层面容易滑移，巷道的开挖使得层面部分区域剪应力增大、正应力减小，从而减小了剪应力与正应力的比值，其比值随着侧压系数的增大先减小后增大，且其最大值位置随着侧压系数的增大向远离巷道方向移动，剪应力与正应力比值随巷道高度的增大而减小。

6.3　巷道顶板控制原理

巷道顶板的控制主要包括顶板破碎区的支护和岩层结构的控制，不同的顶板特性会形成不同的稳定性特征，可根据巷道顶板岩层的特性——薄层、块状或散体状采用不同的支护原则和方法进行支护。

6.3.1　薄层顶板结构的支护原理

确定巷道层状顶板支护的原则应依据巷道顶板失稳的模式，在分析煤层巷道薄层顶板失稳过程中，假定原始应力场中三个主应力的方向分别是铅垂方向和水平方向，并且巷道的走向与其中一个水平应力方向相同。对于岩层地质情况而言，若处在均匀应力场中，当未进行地下空间开挖时，岩层界面之间只存在正应力，而不存在剪应力，由于巷道的开挖，原始应力场被打破并形成新的应力场，在巷道顶板中，岩层层面之间产生了剪应力，而且局部会存在剪应力集中区域（见图 6-10），根据 Goodman 试验结果（见图 6-11）[193] 分析可知，当 τ/σ 大于岩层层面的固有值时，岩层层面之间将会发生剪切错动。

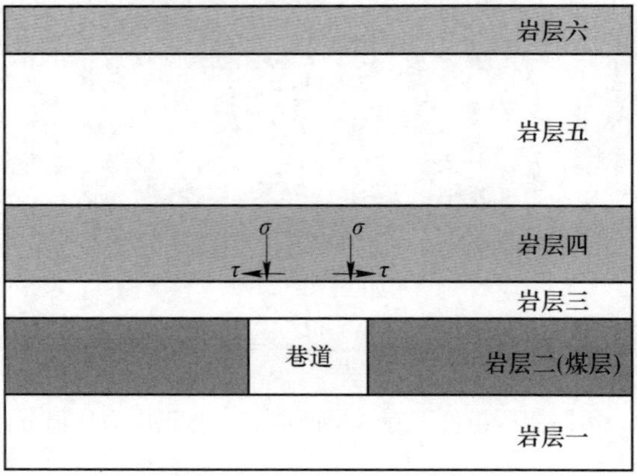

图 6-10　巷道顶板岩层层面应力图

顶板岩层具有层状结构特征，其层厚相对巷道跨度的大小决定着其结构特性，很多情况下在大跨度巷道中顶板的厚度远小于巷道的跨度，这种情况下顶板的结构类似于板，因此可以利用板的理论对顶板岩层力学特性进行分析。力学中

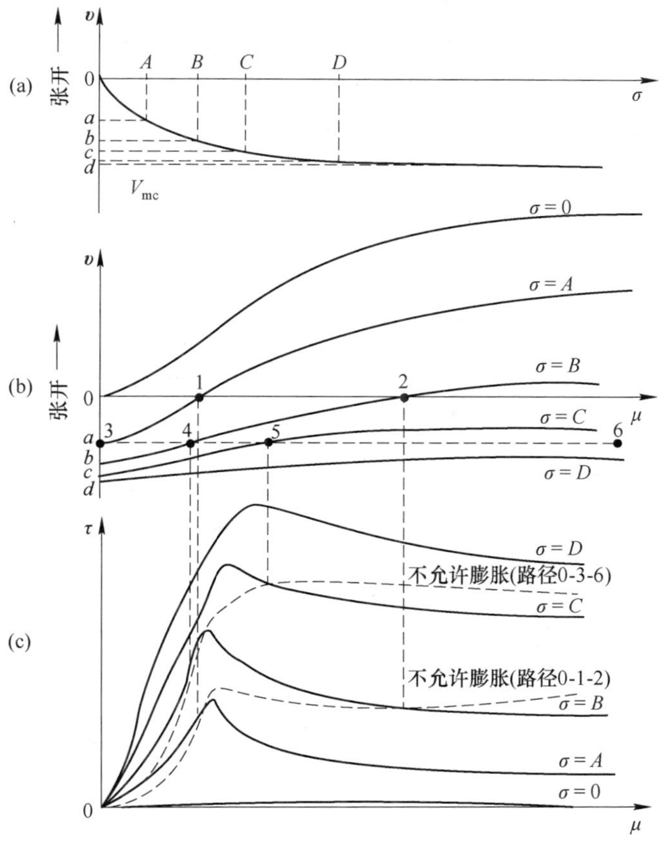

图 6-11　粗糙结构面的等位移剪切试验结果（据 Goodman，1989）[193]

（a）不同法向应力（$\sigma=0$；A；B；C；D）条件下，结构面的闭合量（$v=0$；a；b；c；d）特性曲线；

（b）不同法向应力（$\sigma=0$；A；B；C；D）条件下，结构面的法向位移（剪胀）与剪切位移特性曲线；

（c）不同法向应力（$\sigma=0$；A；B；C；D）条件下，结构面抗剪强度与剪切位移特性曲线

（$0<A<B<C<D$，路径 0-1-2 虚线表示闭合量 $v=0$ 时结构面的抗剪强度特性曲线，

路径 0-3-6 虚线表示闭合量 $v=a$ 时结构面的抗剪强度特性曲线）

对于板的划分有薄膜、薄板及厚板，划分指标为厚度与最小宽度为的比值，若小于 1/80，称为薄膜；若大于 1/80 且小于 1/5，称为薄板；大于 1/5 时称为厚板。薄膜只能在其平面内承受张力，抗弯刚度很小，不能承受弯矩，薄板可在其平面内承受张力（或压力），具有一定的抗弯刚度，可承受弯矩作用，厚板抗弯能力强。

视顶板锚固岩层为组合板锚固结构，且假定其层面滑动服从于 R. E. Goodman 粗糙结构面的等位移剪切试验分析特性曲线，当顶板岩层层面发生相对滑动时，在层面法向方向会产生位移，即有剪胀现象。顶锚杆在锚固岩层剪胀而发生伸长

的同时给岩层层面提供了相应的法向力，阻止了岩层层面相对滑动，有利于维持锚固岩层的稳定。错动岩层的剪胀与锚杆的约束构成了作用与反作用的力学系统，锚固岩层的剪胀变形和锚杆约束力共同维持锚固系统的力学平衡。

图 6-12 为应力导致破坏形成三铰拱结构图，其中，

$$T = f(t(x), \sigma(x)) \tag{6-26}$$

$$F = g(\sigma(x)) \tag{6-27}$$

$$M = h(t(x), \sigma(x), H) \tag{6-28}$$

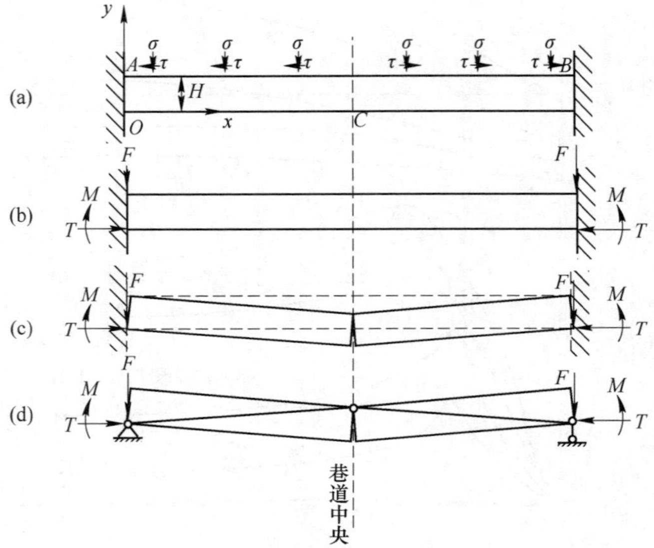

图 6-12　应力导致破坏形成三铰拱结构图

（a）巷道顶板岩层受力简化图；（b）巷道顶板岩层受力等效图；
（c）巷道顶板岩层结构受力破断图；（d）巷道顶板岩层结构破断后形成三铰拱结构图

巷道顶板第一层岩层（即岩层三）受力分析如图 6-12（a）所示，根据力系简化原理，结构的受力可以简化为图 6-12（b）所示情况。

当这 3 个力和力偶的作用达到足够大时，顶板弯曲下沉，顶板结构首先在图 6-12（a）所示中的 A 和 B 点发生破裂，随后在 C 点开裂，继而发生回转，以致形成图 6-12（d）所示的三铰拱结构。

当巷道顶板岩层层面间剪应力达到一定限度时，岩层层面间将发生相对滑动，即产生沿层面的剪切错动位移 μ，根据 Goodman 粗糙结构面的等位移剪切试验结果（见图 6-11）可知，岩层会产生沿层面法向方向的位移 v，如图 6-13（a）所示，在法向位移的作用下，巷道顶板岩层将在 A 点和 B 点开裂，顶板弯曲下沉，随后在 C 点处发生破断，继而发生回转，最后形成如图 6-13（c）所示的三角拱结构。

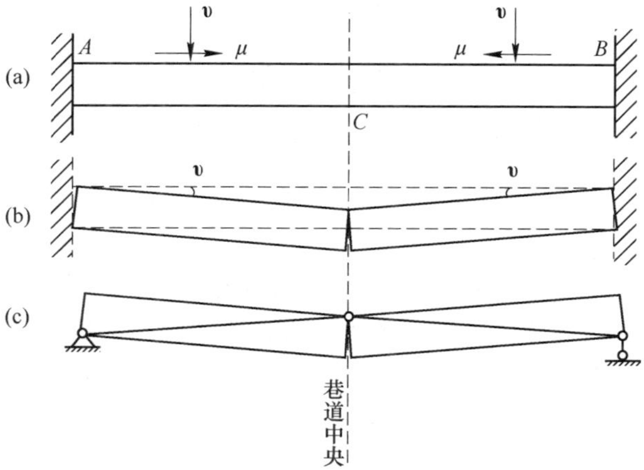

图 6-13 巷道顶板位移导致破坏形成三铰拱结构图

（a）巷道顶板岩层位移简化图；（b）巷道顶板岩层结构由于位移而发生破断的结构图；（c）巷道顶板岩层结构形成的三铰拱结构图

在分析了巷道顶板岩层的破坏机制后，通过物理模拟和数值模拟手段，在理论分析的基础上系统地研究了巷道顶板岩层的破坏规律。

图 6-14 为物理模拟试验中和数值模拟中巷道开挖后顶板形成的若干层三铰拱结构的结果，物理模拟中采用了层状块体结构模拟裂隙顶板岩层，当 τ/σ 大于岩层层面的固有值时，岩层层面之间将会发生剪切错动，由于岩层错动具有剪胀特性，岩层沿层面之间的滑动会产生剪胀效应，巷道顶板上方部位的岩层三相对于岩层四产生沿水平方向的向内挤压。在这两种效果的共同作用下，顶板上方岩层三在巷道上方产生压板弯曲失稳现象，从而造成结构破坏，形成三铰拱结构，而当 τ/σ 小于岩层层面的固有值时，岩层将保持结构稳定。依次往上，各岩层情况都是如此。

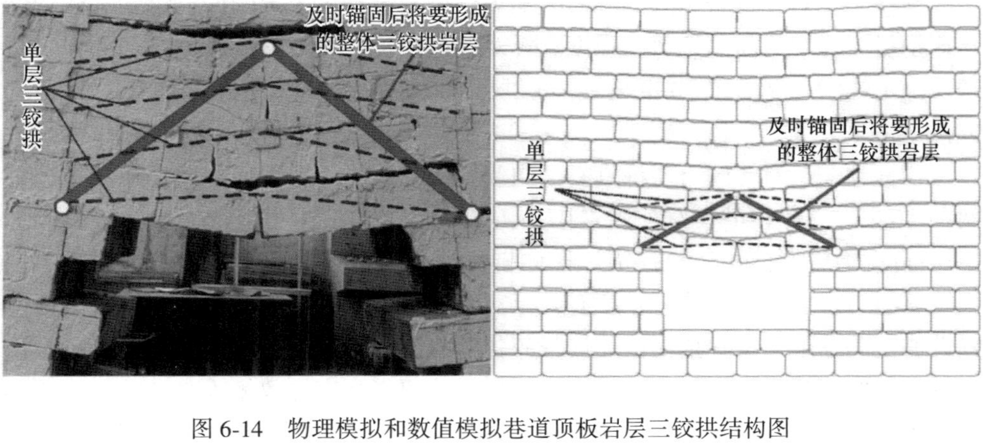

图 6-14 物理模拟和数值模拟巷道顶板岩层三铰拱结构图

在多层岩层形成各自独立的三铰拱结构后，如果三铰拱结构可以维持自身的稳定，不需要提供支护力。否则，巷道顶板继续变形，顶板的失稳从最底层三铰拱结构开始，当最底层三铰拱失稳垮落后，上一层三铰拱结构开始失稳垮落，直至形成拱形稳定结构。在此情况下，要维持顶板结构的稳定性，应当在最底层三铰拱失稳前锚固各个三铰拱岩层，使之成为一个整体以形成整体三铰拱结构，增加结构的稳定性。

纵观岩层巷道失稳机制可以发现存在两种结构特征和失稳临界，一是顶板岩层为两端固定梁结构特征，此时结构失稳的关键点为 τ/σ 达到岩层层面的极限值时；二是顶板结构为三铰拱结构特征，此时结构失稳的关键点为三铰拱濒临失稳时。为此，依据巷道顶板岩层层面进行应力分析结果和顶板的运动和破坏规律，确定巷道顶板岩层失稳的判据和支护方式。

6.3.1.1　顶板层面产生剪切错动的判别

从前面的分析可知，巷道顶板岩层要产生结构失稳，首先是在层面处产生沿层面的剪切错动。

根据 Goodman 试验结果，粗糙结构面不发生剪切滑动的条件为：

$$\tau/\sigma \leqslant \tan\varphi \tag{6-29}$$

式中　φ——层面剪胀摩擦角，$\varphi = \mathrm{JRC} \cdot \lg\left(\dfrac{\mathrm{JCS}}{\sigma} + \varphi_{\mathrm{b}}\right)$，（°）。

故巷道顶板岩层层面不发生剪切错动的条件为各层岩层层面满足下式：

$$\frac{6\sqrt{3} \cdot a^2 \cdot h \cdot \sqrt{h^2 - a^2}}{(4h^2 - a^2)^2 - 3a^2 \cdot (2h^2 + a^2)} \leqslant \tan\varphi \tag{6-30}$$

6.3.1.2　防止顶板层面滑动的支护

锚杆支护对于围岩具有各种力学加固作用，通过第 5 章的研究可知其作用之一便是提高岩层层面的抗剪切强度。针对巷道顶板层面的失稳判别条件和失稳机理，确定锚索（锚杆）防止顶板岩层层面剪切失稳所需提供支护力的大小和方位。

锚杆和锚索对锚固岩层都具有法向和切向加固作用，切向加固作用主要分为两种：（1）锚杆和锚索对加固岩层提供了层面法向挤压力，继而提高了锚固岩层层面间的抗剪能力；（2）锚杆杆体自身具有抗剪切能力，增加了锚固岩层层面抗剪能力。但是由于锚杆长度有限，对于顶板破碎深度大、锚杆长度范围内黏锚性能差的巷道，锚杆锚固段无法找到强有力的锚固着力点，此时锚杆支护无法提供足够大的锚固力，从而在提高岩层层面抗剪强度方面效果不足，此时采用锚索支护可有效防止顶板层面剪切滑动。另外，在危险剪切滑动面所处位置较深锚杆无法支护时，锚索支护具有支护深度大的特点，可以有效解决此类问题。因此，对于锚杆锚固段存在稳定厚岩层，且剪切失稳层面可以锚固在锚杆支护范围内的巷道采用锚杆支护防止层面剪切失稳，对于锚杆无法找到有力锚固着力点和剪切危险层面超出锚杆所能支护范围的巷道，采用锚索支护加固岩层来防止层面剪切滑动失稳。

当巷道顶板岩层未形成三铰拱结构时，其处于两端固定梁结构特征，为了防止顶板岩层沿层面发生相对滑动，需要提供锚固力来降低顶板岩层层面间的 τ/σ 值，使其满足层面不发生剪切滑移的条件。为此，锚索（锚杆）所提供的锚固应力应通过危险层面 τ/σ 的峰值处，故确定锚索（锚杆）的支护方式为锚索通过距离巷道中央最高和最低的危险层面处。为了确定不同高度层面上 τ/σ 的峰值处的相对空间关系和 τ/σ 峰值随高度 h 的变化关系，利用式（6-13）和式（6-12），绘制 τ/σ 峰值随高度 h 的变化曲线和 τ/σ 峰值处 d 随 h 的变化曲线（见图 6-15），其中曲线 1 为 τ/σ 峰值随高度 h 的变化曲线，曲线 2 为 τ/σ 峰值处 d 随 h 的变化曲线。

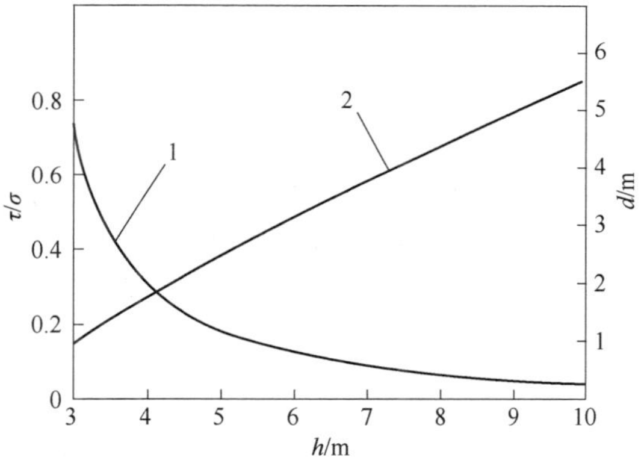

图 6-15 τ/σ 峰值处 τ/σ 和 d 随 h 的变化曲线

从图 6-15 中可以看出，层面 τ/σ 峰值随着 h 的增大而减小，τ/σ 峰值处 d 随 h 变化曲线是双曲线，且 d 随 h 的增大而增大，但在锚索作用范围内近似为直线。

基于上面的分析，锚索支护应提高岩层层面抗剪能力和减小层面剪切作用，故设计锚索穿过各个剪切滑动危险层面处，锚索的支护长度和角度确定为图 6-16 所示，其中 $A\sim E$ 为各层面 τ/σ 的峰值点，A 为最小高度危险层面峰值点，E 为最大高度危险层面峰值点。

在锚索支护力计算上，将锚索提供的锚固力分解并换算为沿岩层层面方向和岩层层面法相方向的两个应力，与层面原有应力场的切向应力和法向应力叠加，支护力大小应满足叠加后剪应力与正应力的比值小于岩层层面剪胀摩擦系数。

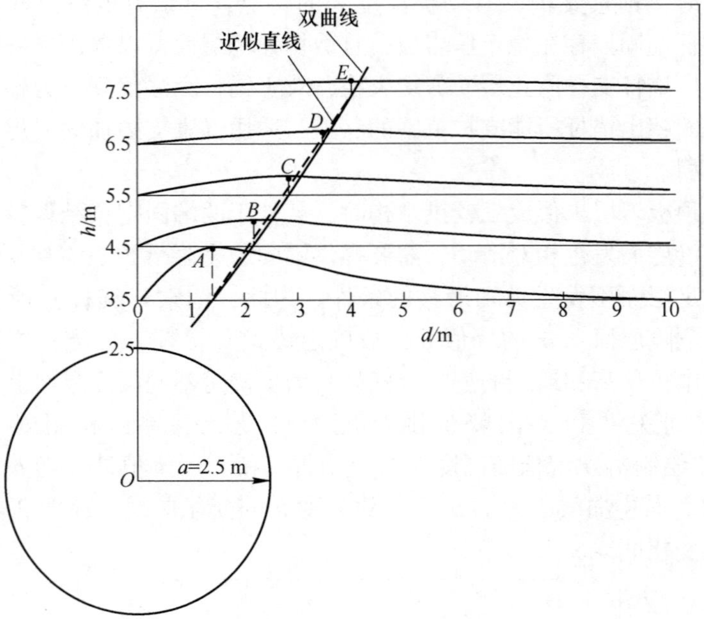

图 6-16　顶板锚索支护方位图

假设锚索的预紧力在岩层界面上产生的锚固应力 $\boldsymbol{p}$ 的方向和锚索方向一致，则 $\boldsymbol{p}$ 可以分解为沿层面的有效锚固剪应力 $\boldsymbol{\tau}$ 和有效锚固正应力 $\boldsymbol{\sigma}$，层面上新的 $\boldsymbol{\tau}/\boldsymbol{\sigma}$ 计算式如下：

$$\tau/\sigma = \frac{p_0 \dfrac{a^2}{r^2}\sin 2\theta - \tau}{p_0\left(1 - \dfrac{a^2}{r^2}\cos 2\theta\right) + \sigma}$$

$$= \frac{2a^2dh \cdot p_0 - (d^2 + h^2)^2 \cdot \cos\alpha \cdot p}{[(d^2 + h^2)^2 - a^2 \cdot (h^2 - d^2)] \cdot p_0 + (d^2 + h^2)^2 \cdot \sin\alpha \cdot p} \tag{6-31}$$

据此可以求得锚索锚固应力强度应满足：

$$p \geqslant \frac{2a^2dh + [a^2 \cdot (h^2 - d^2) - (d^2 + h^2)^2] \cdot \tan\varphi}{(d^2 + h^2)^2 \cdot (\cos\alpha + \sin\alpha \cdot \tan\varphi)} p_0 \tag{6-32}$$

故所需提供的锚固应力强度为各层面所需 p 的最大值。

通过前面分析巷道顶板岩层的破坏机理和所需要提供的支护力，可以得出顶板层间相对滑动是岩层巷道顶板破坏失稳的原因之一，对顶板支护可以提高顶板结构的抗滑能力或减小滑动效应，即为巷道顶板抗剪锚固法。具体来说包括以下三点：

（1）顶板岩层沿层面的滑动是引起巷道顶板结构的失稳原因之一；

（2）层面的滑动引起剪胀效应和结构受力效应，二者共同作用引起顶板岩层变形破断，以致形成三铰拱结构；

（3）巷道顶板岩层未破裂时，锚索（锚杆）的支护方式为锚索通过距离巷道中央最高和最低的危险层面处，采用各个顶板岩层层面式（6-32）中的最大者作为锚固应力确定锚索预紧力。

通过以上分析可以得出以下结论：

（1）巷道开挖后巷道顶板岩层层面间出现剪应力，当顶板岩层较薄、应力较高时岩层层面可能出现相对滑动；

（2）当顶板岩层具有薄板结构特征时，局部滑动引起顶板上层岩层压缩加剧，加之由于剪胀现象的发生出现弯曲和离层，顶板结构最后发生破断形成三铰拱结构；

（3）当顶板岩层具有厚板或体结构特征时，顶板具有较强的抗弯能力，能够承受载荷而不出现大的弯曲变形，阻止了顶板出现离层和破断；

（4）采用锚固方法可以使薄层顶板形成整体结构，使其具有厚板或体的特征而具有较强的承载能力和抵抗破坏能力；

（5）锚索支护顶板岩层时应使锚索支护穿过岩层滑动危险点，锚固力应达到克服层面滑动所需的最小值。

综上所述，防止薄层顶板层面发生滑动的锚索支护应该采用上述方案来设计和计算锚索支护力，锚固段应该位于上层稳定岩层中，且锚固长度的计算应该考虑黏锚力的分布特征（参考式（5-1））。

6.3.2　破断顶板结构的支护原理

当顶板岩层破断形成破断结构后其稳定性主要依赖于结构体间的作用是否牢固，因而演化为块体组成结构的稳定性问题。根据前面的分析可知，顶板层状结构破坏后逐渐形成三铰拱整体结构，随着破坏的继续，多层块体结构形成复合三铰拱结构形式。为此分析单层三铰拱结构和多层三铰拱结构的稳定形态，并提出相对应的支护方法。

6.3.2.1　顶板三铰拱结构稳定性判别

当巷道顶板岩层由于剪切滑动形成三铰拱结构后，顶板结构的稳定性问题已转化为维护顶板三铰拱稳定性的问题，巷道顶板岩层形成三铰拱后的受力分析如图 6-17 所示。

根据刚体受力平衡原理，三铰拱在拱脚处的平衡条件是破断面上所具有的摩擦阻力应大于总的下滑力。取岩层破断面间的摩擦角为 φ，可得平衡条件：

$$(T \cdot \cos\theta - V \cdot \sin\theta) \cdot \tan\varphi \geqslant V \cdot \cos\theta + T \cdot \sin\theta \tag{6-33}$$

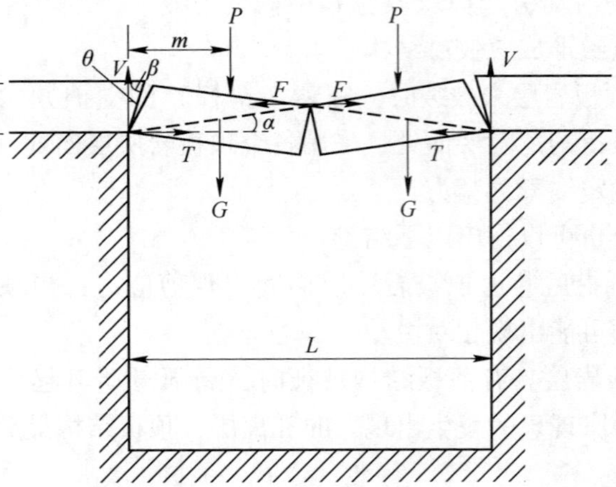

图 6-17　巷道顶板三铰拱受力分析图

L—巷道的跨度，m；*H*—顶板岩层的厚度，m；*G*—顶板岩层破断块的自重，kN/m；
P—顶板岩层破断块上所受的压力，kN/m；*m*—力 *P* 到拱脚的水平距离，m；
T—三铰拱拱脚处的水平推力，kN/m；*F*—拱中央的水平推力，大小和 *T* 相等，kN/m；
V—拱脚处竖向力，kN/m；*θ*—岩层破断面与层面法向间夹角，(°)；
α—岩层破断面间的摩擦角，(°)；*β*—岩层破断角，(°)

上式可以改写成

$$T\cdot(\cos\theta\cdot\sin\varphi-\sin\theta\cdot\cos\varphi)\geqslant V\cdot(\cos\theta\cdot\cos\varphi+\sin\theta\cdot\sin\varphi)\quad(6\text{-}34)$$

化简可得：

$$V\leqslant T\cdot\tan(\varphi-\theta)\quad(6\text{-}35)$$

或

$$V\leqslant T\cdot\tan\left(\varphi+\beta-\frac{\pi}{2}\right)$$

由图 6-17 所示力学模型可得，三铰拱拱脚处的竖向力 V 和水平推力 T（不计顶板下沉量）分别为：

$$V=P+G\quad(6\text{-}36)$$

$$T=\frac{4Pm+GL}{H}\quad(6\text{-}37)$$

6.3.2.2　防止顶板三铰拱失稳的支护

A　防止顶板单层三铰拱失稳的支护

巷道顶板形成单层三铰拱时的受力分析如图 6-17 所示，三铰拱失稳的条件是拱脚滑落失稳，为了防止拱脚处出现滑落失稳，给巷道顶板提供两个向上的支护力 $\boldsymbol{F}$，则根据三铰拱的平衡条件变为：

$$V - \boldsymbol{F} \leqslant T \cdot \tan\left(\varphi + \beta - \frac{\pi}{2}\right) \tag{6-38}$$

即所需要提供的支护力需满足：

$$\boldsymbol{F} \geqslant \frac{4Pm + GL}{H} \cdot \tan\left(\varphi + \beta - \frac{\pi}{2}\right) - (P + G) \tag{6-39}$$

B 防止顶板多层三铰拱失稳的支护

当巷道顶板形成多层三铰拱结构时，保持其稳定的条件除了利用单层三铰拱支护计算拱脚稳定所需提供支护力外，还需分析三铰拱层面间的受力。太原理工大学贾喜荣教授于 2008 年提出了岩层巷道的剪胀锚固理论[113-114]。在分析计算顶板多层三铰拱失稳和支护时直接引用其结果。

顶板岩层多层三铰拱层面受力图如图 6-18 所示。

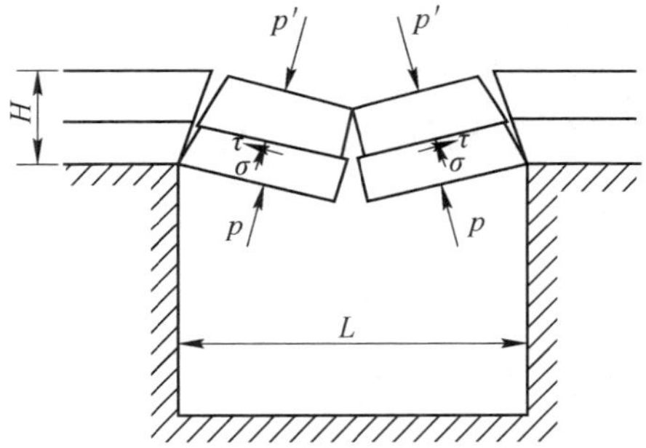

图 6-18 顶板岩层多层三铰拱层面受力图

根据剪胀锚固理论，可求得 τ_a 的计算式如下：

$$\tau_a = \frac{T}{\frac{1}{2}L} = \frac{2T}{L} = \frac{8Pm + 2GL}{HL} \tag{6-40}$$

层面稳定性条件：

$$\tau_a \leqslant \sigma \cdot \tan\varphi \tag{6-41}$$

即

$$\sigma \geqslant \frac{\tau_a}{\tan\varphi} = \frac{8Pm + 2GL}{HL \cdot \tan\varphi} \tag{6-42}$$

式中 σ——层面上的法向有效锚固应力，MPa；

φ——层面剪胀摩擦角，$\varphi = \mathrm{JRC} \cdot \lg\left(\frac{\mathrm{JCS}}{\sigma} + \varphi_b\right)$，(°)。

巷道顶板岩层设计锚固强度应是有效锚固应力与锚固岩层自重应力的叠加，即

$$p = \sigma + \rho g H \tag{6-43}$$

式中　p——顶板岩层锚固强度，MPa；

ρ——顶板岩层的密度，kg/m^3；

g——重力加速度，m/s^2。

以上分析可知，对于顶板出现三铰拱结构的顶板锚固应该采用两条直锚索支护，锚索的支护力按上述研究成果计算，锚固段应该位于更上层稳定岩层中。

6.3.3　破碎、散体顶板结构的支护原理

当巷道顶板围岩为破碎或散体状结构特征时，巷道顶板的支护主要为利用锚杆悬吊作用来支护破碎、散体部分可能形成冒落拱部分的岩体，锚杆支护应该使锚固段处于稳定的坚硬岩层中以使其可以承受悬吊支护岩体部分重量，锚杆的预紧力足够大时可以使破碎围岩形成挤压加固带，加强了围岩的承载能力，使围岩由载荷体演变为载荷体和承载体为一体的结构。此外，对破碎带注浆可以提高破碎带围岩的强度，增加顶板的稳定性。

锚杆支护参数按以下公式计算。

顶板非自稳岩层厚度：

$$h = \Sigma h + \frac{2kB + H}{2f} \tag{6-44}$$

式中　h——顶板非自稳岩层厚度，m；

Σh——下位软弱层厚度，m；

B——巷道跨度，m；

k——两帮支撑削弱系数；

H——巷道高度，m。

顶板载荷集度：

$$q = h\gamma \tag{6-45}$$

式中　γ——顶板容重，kN/m^3。

顶板锚杆的间、排距为：

$$d = \sqrt{\frac{p_0}{Kq}} \tag{6-46}$$

式中　p_0——锚杆锚固力，kN/m^2；

K——安全系数。

锚固长度最小为：

$$l_0 = \frac{1}{2}\frac{p_0}{\pi\varphi c_0} \tag{6-47}$$

要求锚杆长度：

$$l > h \tag{6-48}$$

6.4　巷道底板控制原理

岩层巷道底板层面受力特征和顶板类似，若其为薄层结构亦存在层面剪切滑移而导致结构失稳的可能，为此，控制巷道底板结构的稳定也应考虑底板层状结构的稳定性。

6.4.1　底板大变形中结构的演化

巷道底板第一层岩层（即图 6-10 岩层一）受力分析如图 6-19（a）所示，根据力系简化原理，结构的受力可以简化为图 6-19（b）所示情况。

当这三个力和力偶的作用达到一定限度时，底板弯曲上翘，底板结构首先在图 6-19（a）所示中的 *A* 和 *B* 点发生破裂，随后在 *C* 点开裂，继而发生回转，以致形成图 6-19（d）所示的三铰拱结构。

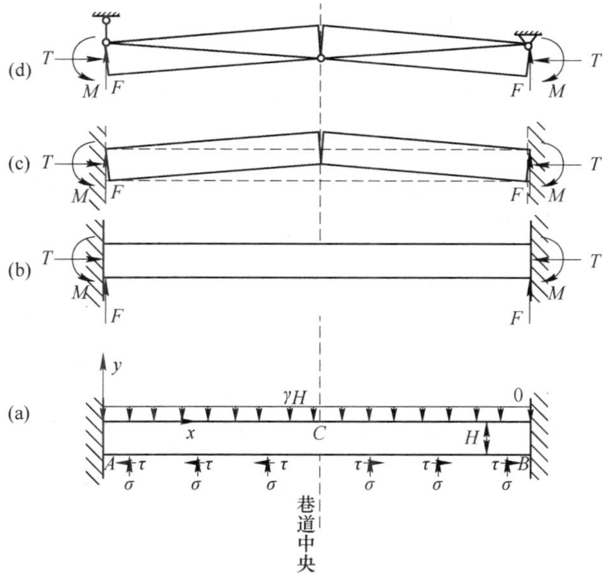

图 6-19　应力导致底板破坏形成三铰拱结构过程图

当巷道底板岩层层面间剪应力达到一定限度时，岩层层面间将发生相对滑动，即产生沿层面的剪切错动位移 μ，根据 Goodman 粗糙结构面的等位移剪切试验结果可知，岩层会产生沿层面法向方向的位移 v，如图 6-20（a）所示，在法向位移的作用下，巷道底板岩层将在 *A* 点和 *B* 点开裂，底板弯曲下沉，随后在 *C* 点处发生破断（见图 6-20（b）），继而发生回转，最后形成如图 6-20（c）所示的三角拱结构。

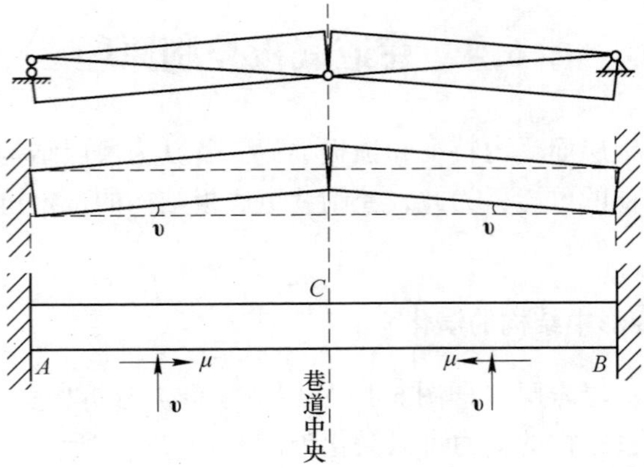

图 6-20　位移导致底板破坏形成三铰拱结构图

当 τ/σ 大于岩层层面的固有值时，岩层层面之间将会发生剪切错动，由于岩层错动具有剪胀特性，岩层沿层面之间的滑动会产生剪胀效应，巷道底板上方部位的岩层一相对于下方岩层产生沿水平方向的向内挤压。在这两种效果的共同作用下，底板上方岩层一在巷道上方产生压板弯曲失稳现象，从而造成结构破坏，形成三铰拱结构，而当 τ/σ 小于岩层层面的固有值时，岩层将保持结构稳定。依次往下各岩层都是如此。这种连续的底板破坏形成的三铰拱结构导致底板中央鼓起，巷道两帮向巷道中心移动，造成了巷道底板失稳、支撑力减弱导致帮部稳定性降低。

在多层岩层形成了各自独立的三铰拱结构后，如果三铰拱结构可以维持自身的稳定，不需要提供支护力。否则，巷道底板继续变形，直至形成稳定结构。在此情况下，要防止巷道底鼓，应当及时锚固底板底鼓范围内岩层，使之成为一个整体锚固的厚板（或体）结构，增加结构的稳定性。

6.4.2　底板失稳的判别

从前面的分析可知，巷道底板岩层要产生结构失稳，首先是在层面处产生沿层面的剪切错动，其次是端部和中央依次断裂形成三铰拱结构。

根据 Goodman 试验结果，粗糙结构面不发生剪切滑动的条件见式（6-41）。

故巷道底板岩层层面不发生剪切错动的条件为各层岩层层面满足下式：

$$\frac{6\sqrt{3}\cdot a^2\cdot h\cdot\sqrt{h^2-a^2}}{(4h^2-a^2)^2-3a^2\cdot(2h^2+a^2)}\leqslant\tan\varphi \tag{6-49}$$

6.4.3　锚索支护方式和位置的确定

在分析了巷道底板的失稳判别条件后，针对其失稳机理，确定锚索（锚杆）

所需提供支护力的大小和方位。

基于上面的分析，锚索的支护长度和角度确定如图 6-21 所示，其中 $A \sim E$ 为各层面 τ/σ 的峰值点，A 为最小深度危险层面峰值点，E 为最大深度危险层面峰值点。

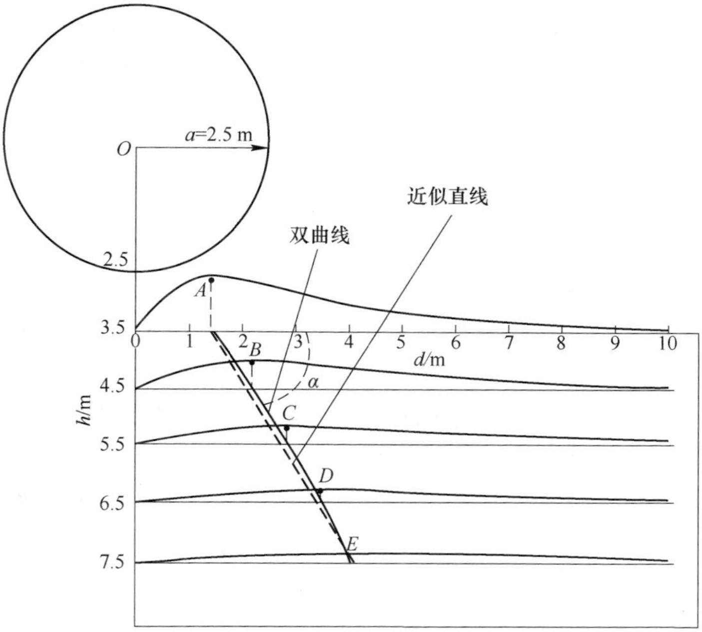

图 6-21　底板锚索布置方位图

假设锚索的预紧力在岩层界面上产生的锚固应力 $\boldsymbol{p}$ 的方向和锚索方向一致，则 $\boldsymbol{p}$ 可以分解为沿层面的有效锚固剪应力 $\boldsymbol{\tau}$ 和有效锚固正应力 $\boldsymbol{\sigma}$，层面上新的 τ/σ 计算式见式（6-31）。

据此可以求得锚索锚固应力强度应满足式（6-32）。

故所需提供的锚固应力强度为各层面所需 p 的最大值。

综上所述，巷道底板支护主要为防止薄层底板发生剪切错动，阻止形成破断三铰拱结构造成底板失稳形成底鼓显现。

6.5　巷道帮部控制原理

巷道帮部由于其岩体物理力学性质的差异及所处应力环境的不同表现出不同的变形破坏特征，根据围岩峰后巷道的破坏形式大体分为压剪式片帮破坏、滑落式破坏、劈裂式和横拱式破坏（见图 6-22），其破坏机理和支护原理也不相同，应针对其破坏机理采取相应的支护策略。

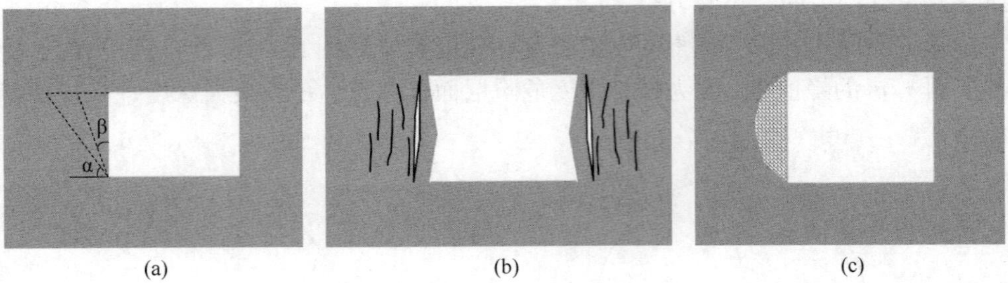

图 6-22　帮部破坏形式示意图
（a）滑落式和压剪式；（b）劈裂式；（c）横拱式

6.5.1　失稳模式与机理

6.5.1.1　帮部围岩软弱时

巷道帮部围岩软弱时，由于随着巷道帮部的移近，巷道的受力状态变为近似二向受力状态，帮部围岩已处于强度峰值之后，围岩几乎失去承载能力，这时围岩所出现的破坏形式类似于实验室岩石低围压下的压剪破坏，其破坏面与载荷方向夹角为：

$$\beta = 45^\circ - \frac{\varphi}{2} \tag{6-50}$$

式中　φ——巷道帮部围岩的内摩擦夹角，(°)。

最大片帮深度为：

$$\Delta a = M \cdot \tan\left(45^\circ - \frac{\varphi}{2}\right) \tag{6-51}$$

式中　M——巷道的高度，m。

6.5.1.2　帮部围岩脆弱时

当巷道帮部围岩表现为脆性特征且强度较低时，巷道的破坏表现为劈裂式破坏，其破坏特征为破裂面为竖直裂纹，巷道帮部受力特征为双向受压。破坏深度取决于应力场特征、巷道高度和围岩特性。

6.5.1.3　帮部围岩散体特征时

巷道围岩为散体特征时，巷道的破坏形式主要表现为两类：一类为重力滑落式破坏；另一类为横拱式破坏。其中重力滑落式围岩表现为黏聚力为零，其破坏所形成的角度为：

$$\alpha = \varphi \tag{6-52}$$

破坏深度：

$$\Delta a = M \cdot \cot\varphi \tag{6-53}$$

横拱式破坏围岩具有较小的黏聚力，其破坏特征类似于冒落拱形式，表现为由于剪应力和横向膨胀的作用沿着帮部跨度形成拱式破坏面。

破坏深度：

$$\Delta a = \frac{M}{2f} \tag{6-54}$$

式中 M——采高，m；

f——普氏系数。

帮部的破坏进一步导致顶板跨度的增大，从而造成顶板的稳定性降低，形成更大的顶板破坏区域，顶板的破坏区域增大使得帮部稳定性进一步降低。因此，应该及时支护巷道各部位不稳定区域。

6.5.2 支护原理

根据前面的分析可知，帮部、顶板及底板的稳定性相互影响，一味地加固帮部并不能保证巷道帮部的稳定。因此，在支护上应当注意整体结构，使之形成一个刚度、强度与整体应力环境相匹配的整体加固结构。为此，在巷道加固上沿用整体锚固的思想，即巷道帮部锚杆在顶、底两角向顶板和底板适当倾斜，使得巷道顶板和底板形成一个整体锚固结构（见图 6-23）。

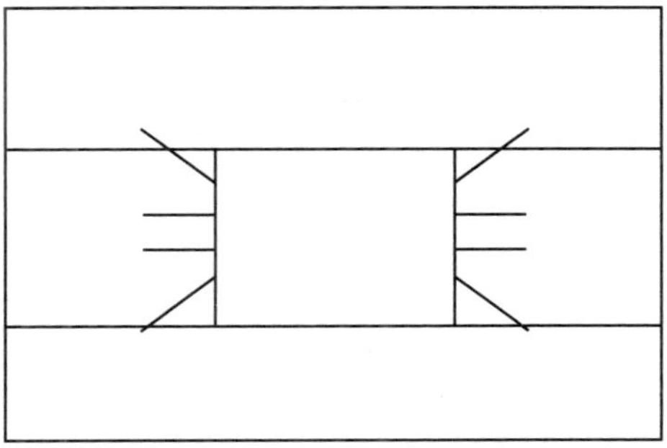

图 6-23 帮部整体锚固示意图

在前面结构稳定性分析中已经提到，体的稳定性要大于厚板，厚板的稳定性要大于薄板，因此，在巷道帮部支护应该使之具有厚板乃至体的特性。锚杆的有效加固长度应大于巷道跨度的 1/5，即 $l>\frac{1}{5}M$。

两帮厚板锚固结构示意图如图 6-24 所示。

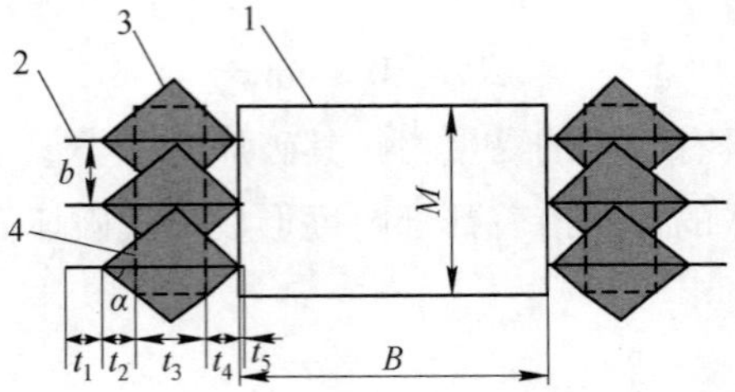

图 6-24　两帮厚板锚固结构示意图

1—巷道；2—帮锚杆；3—锚固力压缩区；4—可承载锚固体；
M—巷道高度，m；B—巷道宽度，m；t_1—黏锚力积聚段长度，m；
t_2—锚固端锚杆影响区未重叠区厚度，m；t_3—可承载锚固体厚度，m；
t_4—锚尾端锚杆影响区未重叠区厚度，m；t_5—锚杆外露长度（根据锚杆施工工艺，一般为 0.1 m），m；b—锚杆间排距，m；α—锚固力影响扩散角，(°)

锚固支护参数主要包括锚固强度（分布在两帮表面单位面积上的托锚力）、锚杆间排距、锚杆长度和锚固长度等。各参数的确定依据为厚板几何特征参数和两帮稳定性特征要求。

由围岩结构及力学特征计算两帮锚固体所承受的纵向荷载，然后采用极限平衡分析方法计算两帮锚杆所应提供的锚固强度。

锚固强度 p 按下式确定：

$$p = q\frac{1 - \sin\varphi}{1 + \sin\varphi} \tag{6-55}$$

式中　q——锚固强度，即锚杆对围岩表面的平均作用力，按下式计算：

$$q = \frac{B' - B}{2t_3}\left(\sum h + \frac{B'}{2f}\right)\gamma \tag{6-56}$$

式中，

$$B' = B + 2 \cdot \Delta a \tag{6-57}$$

式中　$\sum h$——顶板岩体中软弱岩层厚度，m；

B——巷道跨度，m；

B'——巷道等效跨度，m；

f——顶板岩体普氏系数；

γ——顶板岩体平均容重，kN/m^3；

t_3——可承载锚固体厚度，m。

根据锚固强度及所选用锚杆的力学性能计算锚杆间排距。

则锚杆间排距 b 为：

$$b = \sqrt{\frac{p_0}{Kp}} \tag{6-58}$$

式中 p_0——所选用的锚杆杆体的设计拉断力，kN；

p——锚固强度，kN/m^2。

根据锚固体应具有“厚板”或“体”的形状特征要求及锚杆的间排距确定锚杆长度。

锚杆长度 t(m) 按下式确定：

$$t = t_1 + t_2 + t_3 + t_4 + t_5 \tag{6-59}$$

黏锚力积聚段长度：

$$t_1 = \frac{1}{2}\frac{p_0}{\pi\varphi c_0} \tag{6-60}$$

式中 c_0——两帮岩体的黏锚强度，kN/m^2。

锚固端锚杆影响未重叠区厚度：

$$t_2 = \frac{1}{2}b\tan\alpha \tag{6-61}$$

可承载锚固体厚度：

$$t_3 \geqslant \frac{1}{5}M \tag{6-62}$$

式中 M——巷道宽度，m。

锚尾端锚杆影响未重叠区厚度：

$$t_4 = \frac{1}{2}(b - 0.1)\cdot\cot\alpha \tag{6-63}$$

式中 t_5——锚杆外露长度（根据锚杆施工工艺，一般为 0.1 m），m；

b——锚杆间、排距，m；

α——锚固力影响扩散角，(°)。

锚固长度要根据两帮锚固条件及所需锚固强度计算。

锚固长度记为 t_0，可按下式计算：

$$t_0 = 2t_1 = \frac{p_0}{\pi\varphi c_0} \tag{6-64}$$

式中 t_1——黏锚力积聚段长度，m。

至此，通过分析巷道顶板、底板和帮部的稳定性机理，给出了巷道围岩变形不同阶段的支护原理和方法，整体上来讲，对于围岩破碎巷道通过注浆强化浅部围岩强度，通过使浅部围岩形成挤压加固带以转化载荷体为承载体，通过锚索支护维护深部岩层和结构的稳定，并悬吊浅部破碎岩体。

6.6　巷道围岩稳定性控制原理的研究贡献与应用启示

本章深入分析了巷道顶板、底板及帮部围岩的应力特征与结构演化过程，揭示了围岩局部破碎向深部结构失稳发展的动力学机制，并提出了针对不同围岩结构特征的支护原理与设计方法。本章的研究不仅为理解巷道围岩的失稳模式提供了理论基础，也为复杂围岩条件下巷道稳定性控制设计提供了科学指导。通过系统研究，本章取得以下关键发现与启示。

（1）巷道围岩失稳的结构演化规律。巷道顶板与底板的失稳表现为局部破碎的岩层逐步演化为层面错动，形成大块度块体的三铰拱结构。随着变形增加，三铰拱结构的失稳向深部岩层延伸，导致岩层滑移和新结构的形成，围岩表面破碎程度进一步加剧。这一规律为支护设计提供了针对不同失稳阶段的明确依据。

（2）顶板与底板支护原理的优化。顶板支护应着重于加固破碎区域和防止岩层层面滑移，而底板支护则需限制底板层面滑移，防止形成块体结构上翘导致底鼓现象。采用倾斜安装的锚索支护，通过穿越危险滑移层面的位置设计，可以有效防止层面滑移，增强顶板和底板的稳定性。

（3）帮部围岩破坏模式与支护对策。帮部围岩力学破坏形式主要分为压剪式、滑落式、劈裂式和横向拱形破坏。这些破坏模式与围岩的力学特性和地质条件密切相关。为应对不同破坏模式，支护设计应确保围岩破坏区域形成厚板特性，锚杆的锚固长度需达到巷道高度的 1/5 以上，以提供有效的力学支撑。

（4）联合支护措施的综合作用。针对破碎围岩的复杂条件，本章提出了锚杆、锚索、金属网和注浆相结合的联合支护方案。注浆能够提高浅部围岩的强度和完整性，锚杆的预紧力在浅部形成挤压加固带，转化破碎围岩为承载结构，金属网维护围岩表面完整性并限制岩块脱落，而锚索则用于悬吊浅部破碎岩体并增强深部围岩结构的整体稳定性。

本章内容构建了从围岩失稳规律到支护优化设计的完整理论框架，针对巷道不同区域的力学特性和破坏模式提出了具有针对性的稳定性控制对策。这些成果为深部复杂围岩条件下巷道稳定性控制提供了系统化的理论支撑和实践参考。

本章彩图

7 峰后大变形巷道支护的工程实践

前述内容深入分析了大变形巷道围岩在峰后不同变形阶段的力学特征，并提出了相应的围岩与支护平衡特征及机理，针对不同围岩结构和变形阶段，系统地阐述了锚固控制原理和支护方法。这些理论成果为大变形巷道支护设计提供了科学依据。然而，理论的最终目的是指导实践，因此，如何将这些理论成功应用于实际工程，验证其有效性，成为当前亟须解决的重要问题。

本章将以阳煤五矿赵家区大变形巷道为研究对象，通过工程实践验证前述支护原理和方法的可行性。在实际应用中，巷道的围岩物性、应力场条件、变形阶段等因素往往较为复杂，且与理论模型中所设定的假设存在一定差异。因此，如何在现场条件下合理地调整支护措施、选择合适的锚固方式，以确保巷道在不同变形阶段的稳定性，将是本章的核心问题。

本章首先回顾了赵家区巷道的工程背景，包括巷道的地质条件、开采深度、围岩类型及其变形特点等。然后根据前面章节提出的围岩-支护平衡特征与机理，结合现场数据与试验结果，制定出针对性强的支护方案。最后，通过与传统支护方法的对比，验证新型支护技术在控制巷道围岩变形、保证巷道稳定性方面的优势，并总结实践经验，为未来的巷道支护工作提供可参考的技术路线。

通过这一实践研究，旨在为煤矿深部巷道支护提供可操作性强、有效性高的理论支持和技术方法，同时推动锚固技术在实际工程中的应用，提升巷道支护技术的整体水平。

7.1 巷道概况

阳煤五矿赵家分区属于深部开采矿井，处于建井期间，无开采扰动影响，井底车场埋深超过 800 m。南轨道运输石门整体位于 15 号煤层下方，巷道开口处顶板距 15 号煤层底板约 30 m，往西掘进至巷道尽头，巷道顶板距煤层底板约 20 m。15 号煤层煤质稳定，属中灰、低硫的无烟煤，平均厚度为 6.2 m，赋存情况呈单斜构造，总体形态呈西北高东南低，煤层倾角 2°~11°，平均约 6°。根据赵家分区回风立井实际揭露的地质资料可预知，南轨道运输石门在掘进过程中，将依次穿越砂质泥岩、细粒砂岩、泥岩。南轨道巷煤岩综合柱状图如图 7-1 所示。

层厚/m	累深/m	柱状 1:500	标志层	岩石名称	岩性描述
5.35	715.75	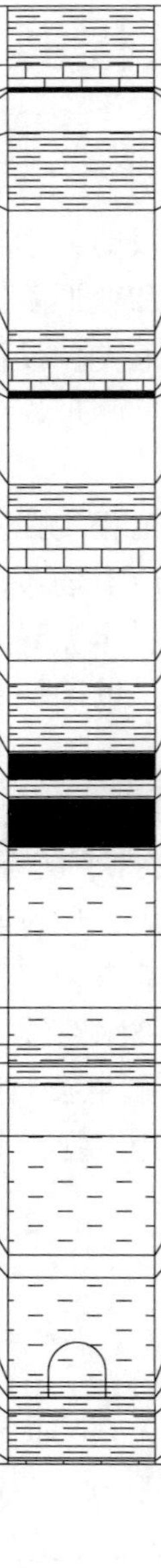		泥岩	灰白色，黑色，泥质结构，平坦状断口，水平层理
1.91	717.66		K_4	石灰岩	灰色，深灰色，含生物屑隐晶结构，略含泥质，成分以方解石为主，含海相动物化石
0.37	718.03		11号	煤	黑色，碎块状，玻璃光泽，成分以亮煤为主，属半亮型煤
3.47	721.50			细粒砂岩	灰白色，细粒砂状结构，钙质胶结，交错层理
6.60	728.10			泥岩	灰黑色，泥质结构，平坦状断口，水平层理
10.20	738.30			细粒砂岩	灰色，细粒砂状结构，钙质胶结，波状层理，含泥质条带，局部夹镜煤线理
2.30	740.60			泥岩	灰黑色，泥状结构，水平层理，平坦状断口，顶部含砂质
2.77	743.37		K_3	石灰岩	灰色，含生物屑隐晶结构，块状，性硬，具裂隙发育，方解石薄膜充填，成分以方解石为主
0.61	743.98		13号	煤	黑色，块状，参差状断口，玻璃光泽，成分以亮煤为主，属光亮型煤
7.32	751.30			粉砂岩	灰色，粉砂状结构，钙质胶结，局部夹泥质条带
3.00	754.30			泥岩	灰黑色，泥状结构，平坦状断口，水平层理
4.60	758.90		K_2	石灰岩	灰色，含生物屑隐晶结构，中部夹泥岩薄层，成分以方解石为主
7.50	766.40			细粒砂岩	灰色，细粒砂状结构，钙质胶结，交错层理及波状层理，局部夹泥质条带
2.00	768.40			粉砂岩	深灰色，粉砂状结构，钙质胶结，波状层理
5.90	774.30			泥岩	灰黑色，泥状结构，平坦状断口，水平层理,含植物化石碎片，岩芯完整性较好
2.24	776.54		15号	煤	黑色，块状，参差状及阶梯状断口，玻璃光泽，内生裂隙发育，黑色条痕，成分以亮煤及镜煤为主，属光亮型煤
1.75	778.29			泥岩	灰黑色，泥状结构，平坦状断口，含植物化石
4.09	782.38		$15号_下$	煤	黑色，块状，玻璃光泽，内生裂隙发育，参差状断口及阶梯状断口，以镜煤、亮煤为主，属光亮型煤，含三层矸石
1.50	783.88			泥岩	黑色，泥质结构，夹一层0.1 m厚的薄煤线
6.00	789.88			砂质泥岩	灰黑色，泥状结构，平坦状断口，含植物化石碎片，局部呈粉砂状结构
6.17	796.05		K_1	中粒砂岩	浅灰色，灰色，中粒砂状结构，钙质胶结，交错层理，下部呈细粒砂状结构
3.15	799.20			砂质泥岩	灰黑色，砂质泥状结构，水平层理，含植物化石
1.60	800.80			泥岩	浅灰绿色，泥质结构，参差状断口，含菱铁质鲕粒
1.90	802.70			泥岩	灰黑色，黑色，泥质结构，平坦状断口，具擦痕
4.30	807.00			细粒砂岩	浅灰色，灰色，细粒砂状结构，钙质胶结，波状层理及脉状层理，局部夹泥岩条带含植物化石
10.05	817.05			砂质泥岩	灰黑色，砂质泥状结构，平坦状断口，具垂直裂隙，岩芯完整性较差
1.90	818.95			细粒砂岩	浅灰色，细粒砂状结构，钙质胶结
8.75	827.70			砂质泥岩	灰色，顶部成灰黑色，砂质泥状结构，性硬，含植物化石，具不规则裂隙
1.30	829.00			泥岩	灰黑色，泥质结构，平坦状断口
1.40	830.40			泥灰岩	灰色，深灰色，泥晶结构，性硬，含动物化石
3.88	834.28			泥岩	灰黑色，泥质结构，平坦状断口，具垂直裂隙
0.30	834.58			石灰岩	灰色，深灰色，含生物屑隐晶结构，含黄铁矿结核

图 7-1　南轨道巷煤层综合柱状图

7.2　巷道支护状况概述

巷道断面采用直墙半圆拱形断面，掘进断面尺寸为 5.84 m×5.02 m，净断面尺寸为 5.6 m×4.9 m。根据地质柱状图分析，巷道直接顶为砂质泥岩，厚度为

5 m 左右，砂质泥岩属于较稳定岩层。为达到巷道断面设计及功能要求，巷道按设计坡度掘进，根据顶板岩性及类比方式确定采用“锚杆、锚索、钢筋网、喷 C20 混凝土”联合支护。具体支护形式为：巷道全断面挂钢筋网，打普通螺纹钢树脂锚杆，配铁托盘，锚杆间排距均为 1000 mm×1000 mm，顶板正中央 1 根，往两边每 1000 mm 布置 1 根，最下排帮锚杆距底板不大于 500 mm，每排共计 13 根，全断面喷射 120 mm 厚 C20 混凝土。顶部设计每排打注 5 根锚索，配 16 号槽钢、锚索垫片及锚具，锚索设计间排距均为 1000 mm×1000 mm，每排布置 5 根，正中布置 1 根，中线往两侧各 1000 mm 分别布置 1 根锚索，再往两侧 1000 mm 各再布置 1 根锚索。巷道设计水沟一条，南轨道运输石门水沟布置在巷道沿掘进方向左手帮，水沟规格为 300 mm×300 mm。水沟盖板厚 80 mm，水沟盖板面与巷道打底后底板高度一致，水沟采用 C20 混凝土浇筑，厚度 50 mm。锚杆型号为 ϕ18 mm×2200 mm，锚索型号为 ϕ17.8 mm×5200 mm。巷道支护断面图如图 7-2 所示。

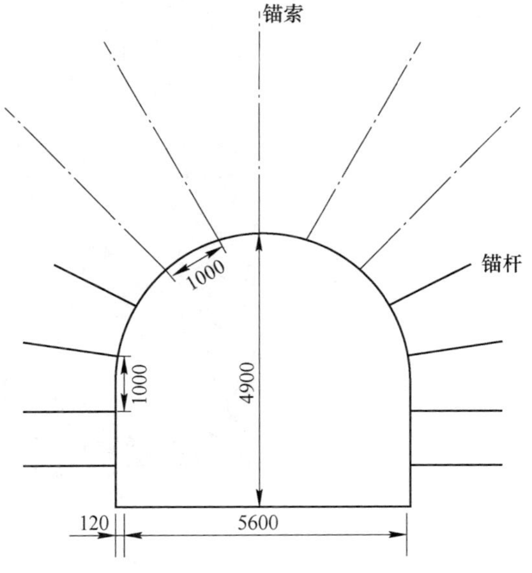

图 7-2 巷道锚杆、锚索布置图（单位：mm）

在支护方案实施过程中，巷道矿压显现剧烈，顶板出现大范围的锚网失效区域，帮部片帮范围大，底鼓剧烈。因此，不得不对巷道顶板和帮部补打锚杆和锚索，对底板挑底，即便如此巷道围岩的变形仍未得到控制，现场量测最大底鼓量已超过 1.5 m。南轨道巷顶板、帮部和底板的破坏状况如图 7-3 所示。

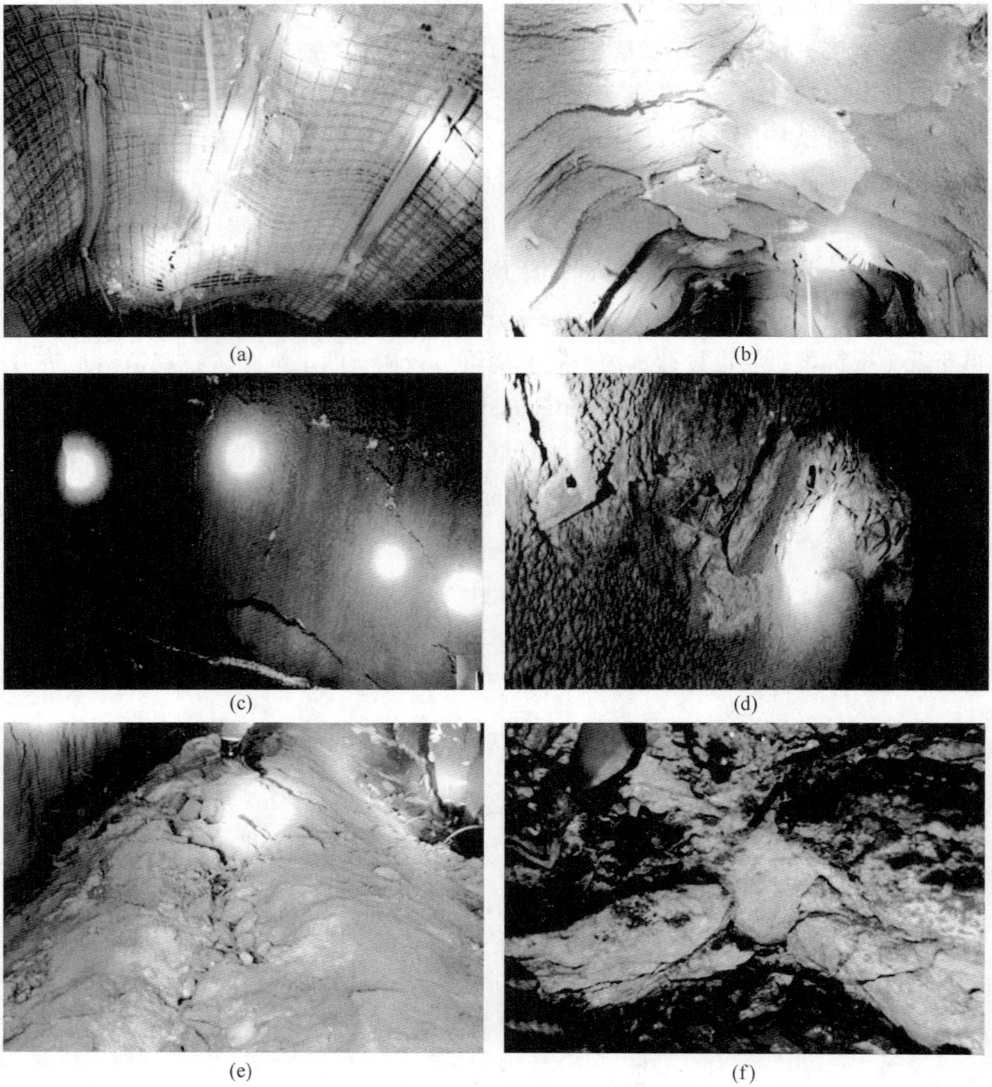

图 7-3　南轨道巷顶板、帮部和底板的破坏情况
（a）顶板下沉；（b）顶板破坏；（c）（d）片帮；（e）底鼓；（f）起底后岩层刨面

7.3　巷道破坏原因分析

巷道破坏的分析基于破坏表现出的形式、顶板离层仪规律，以及底鼓剖面结构特征。图 7-4 为巷道两测点顶板离层随时间变化曲线。测试中采用 4 基点多点位移计，测点 1 中 4.5 m 位移基点失效。

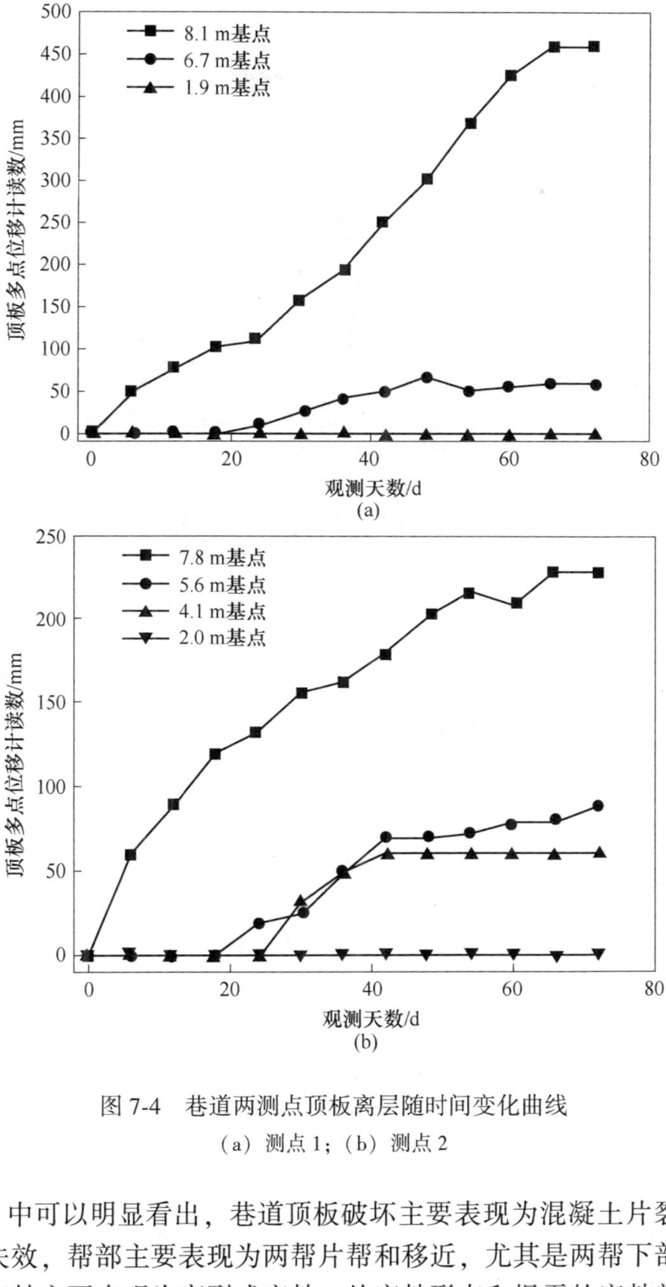

图 7-4 巷道两测点顶板离层随时间变化曲线

(a) 测点 1;(b) 测点 2

从图 7-3 中可以明显看出，巷道顶板破坏主要表现为混凝土片裂、顶板下沉严重、锚网失效，帮部主要表现为两帮片帮和移近，尤其是两帮下部移近量明显大于上部，底鼓主要表现为弯裂式底鼓，从底鼓形态和揭露的底鼓剖面来看，发生底鼓的岩层失稳具有典型的弯梁破坏形成三铰拱的特征。

据图 7-4 分析可知，顶板离层主要发生在顶板高度 7~8 m 之间，且离层量大，2~4 m 也存在轻度离层。

从揭露的底鼓层面来看，底鼓呈现薄层三铰拱结构式逐层破坏，而从现场揭露的围岩看底板并未表现出薄层状特征。细观岩层可以发现围岩存在大量的水平微弱面（见图 7-5），由于煤系地层岩层都属于沉积岩，其具有水平方向和垂直方向力学特性各异的特征，水平层面抗剪切能力差。为此，支护应考虑提高围岩层里面的抗剪强度，使其能形成大厚度的承载结构。

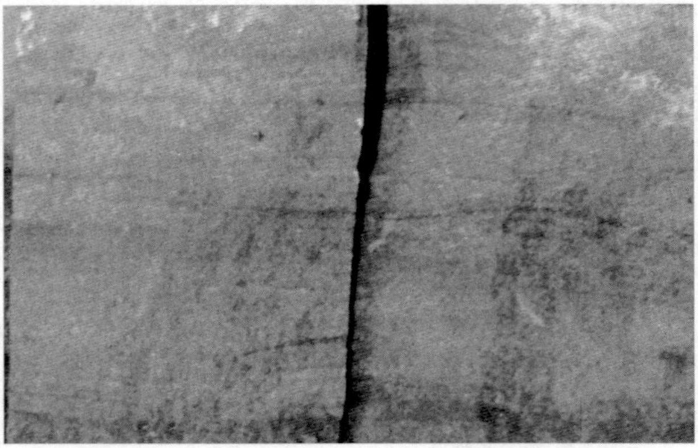

图 7-5　岩芯细观水平层理图

从破坏形式和巷道变形来看，南轨道巷围岩支护特性介于图 3-39 中曲线 c 与曲线 d 之间，巷道存在一定深度的围岩破碎区，且较深部存在结构体形式。因此，对于巷道的返修和新支护方案的设计应考虑围岩破坏的部位与机理。

7.4　支护方案

巷道高度为 5.02 m，宽度为 5.84 m，顶板岩层平均容重为 26.5 kN/m^3，通过现场窥视发现下位 1 m 顶板岩体属于破碎体，普氏系数取 0，其上部顶板岩体普氏系数取 3；两帮岩体内摩擦角取 20°，两帮支护选用 ϕ22 mm 螺纹钢锚杆（设计强度为每根 150 kN），树脂药卷黏结，黏结强度为 2.0 MPa。基于第 6 章支护原理计算巷道支护参数。

7.4.1　顶板支护参数确定

顶板锚杆支护参数按照式（6-44）~式（6-48）计算设计。

顶板非自稳岩层厚度：

$$h = \Sigma h + \frac{2kB + H}{2f} = 1.0 + \frac{2 \times 0.25 \times 5.84 + 5.02}{2 \times 3} = 2.32\ \mathrm{m}$$

顶板载荷集度：

$$q = h\gamma = 2.32 \times 26.5 = 6.15\ \mathrm{t}$$

顶板锚杆的间、排距为：

$$d = \sqrt{\frac{p_0}{Kq}} = \sqrt{\frac{15}{2 \times 6.15}} = 1.1\ \text{m}$$

根据顶板岩层锚固条件，锚固长度最小为：

$$l_0 = \frac{15}{3.14 \times 0.023 \times 200} = 1\ \text{m}$$

要求锚杆长度：

$$l > h$$

跨度为 5.84 m 的巷道顶板锚杆最小长度为：

$$l = 2.4\ \text{m}$$

根据前面分析可知，顶锚索在断面上已采用垂直断面表面安装，已形成了倾斜安装方案，但存在锚固范围不足的问题。针对前面多点位移计观测结果，延长顶锚索长度为 8 m。即采用 ϕ17.8 mm×8000 mm，间距 1000 mm，排距 800 mm。

$$a = B/2 = 5.6/2 = 2.8\ \text{m}$$

$$\varphi = 10°$$

$$h_1 = a + 2.4 = 2.8 + 2.4 = 5.2\ \text{m}$$

$$h_2 = a + 8 = 2.8 + 8 = 10.8\ \text{m}$$

按照式（6-12）计算可得：

$$d_1 = \sqrt{(h_1^2 - a^2)/3} = \sqrt{(5.2^2 - 2.8^2)/3} = 2.53\ \text{m}$$

$$d_2 = \sqrt{(h_2^2 - a^2)/3} = \sqrt{(10.8^2 - 2.8^2)/3} = 6\ \text{m}$$

$$\alpha = \arctan\frac{d_2 - d_2}{h_2 - h_2} = \arctan\frac{6 - 2.53}{10.8 - 5.2} = 32°$$

按照式（6-32）计算可以得到：

$$p \geqslant \frac{2a^2dh + [a^2 \cdot (h^2 - d^2) - (d^2 + h^2)^2] \cdot \tan\varphi}{(d^2 + h^2)^2 \cdot (\cos\alpha + \sin\alpha \cdot \tan\varphi)} p_0$$

$$= \frac{2 \times 2.8^2 \times 2.53 \times 5.2 + [2.8^2 \times (5.2^2 - 2.53^2) - (2.53^2 + 5.2^2)^2] \times \tan 10°}{(2.53^2 + 5.2^2)^2 \times (\cos 32° + \sin 32° \times \tan 10°)} \times 20$$

$$= 720\ \text{kN/m}^2$$

假设锚索作用岩层层面剪切危险范围为 300 mm×800 mm，安全系数取 1.3，则最低锚固力：

$$p = Kp \times 0.3 \times 0.8 = 1.3 \times 720 \times 0.3 \times 0.8 = 225\ \text{kN}$$

7.4.2 两帮支护参数确定

两帮锚杆支护参数按式（6-55）~式（6-64）计算设计。

根据巷道实际情况：

$$p = q\frac{1 - \sin\varphi}{1 + \sin\varphi} = 29.2 \times \frac{1 - \sin20°}{1 + \sin20°} = 143\ \text{kN/m}^2$$

式中　q——两帮可承载锚固体所受载荷集度，有

$$q = \frac{B' - B}{2t_3}\left(\Sigma h + \frac{B'}{2f}\right)\gamma = \frac{12.87 - 5.84}{2 \times 1.004} \times \left(1 + \frac{12.87}{2 \times 3}\right) \times 2.65 = 292\ \text{kN/m}^2$$

巷道等效跨度：

$$B' = 5.84 + 2 \times 5.02 \times \tan35° = 12.87\ \text{m}$$

两帮可承载锚固体厚度：

$$t_3 = \frac{1}{5}M = 1.004\ \text{m}$$

间排距：

$$b = \sqrt{\frac{p_0}{Kp}} = \sqrt{\frac{15}{1.5 \times 14.3}} = 0.8\ \text{m}$$

黏锚力积聚段长度：

$$t_1 = \frac{1}{2}\frac{p_0}{\pi\varphi c_0} = \frac{1}{2} \times \frac{15}{3.14 \times 0.022 \times 150} = 0.54\ \text{m}$$

锚固端锚杆影响未重叠区厚度为：

$$t_2 = \frac{b}{2}\tan45° = 0.4\ \text{m}$$

锚杆尾端托锚力影响未重叠区厚度为：

$$t_4 = \frac{b - 0.1}{2}\tan45° = 0.35\ \text{m}$$

锚固长度：

$$t_0 = 2t_1 = 1.08\ \text{m}$$

所以，锚杆全长为：

$$t = t_1 + t_2 + t_3 + t_4 + t_5 = 0.54 + 0.4 + 1 + 0.35 + 0.1 = 2.39\ \text{m}$$

7.4.3　底板支护参数确定

底板由于岩层较软，从底鼓剖面来看岩层破坏呈薄层状，故对底板布置底锚索。从底鼓量来看，最大处达到 1.5 m 以上。在支护方案中底锚索长度采用 12.5 m，并采用锚注一体作业。

底锚索参数计算基本等同于顶板，考虑到锚索孔作为注浆用途，实际角度按 15°布置。图 7-6 为调整后的巷道新支护方案断面图。

综合各种因素分析，对于返修巷道，顶板、帮部和底板围岩已处于破碎状

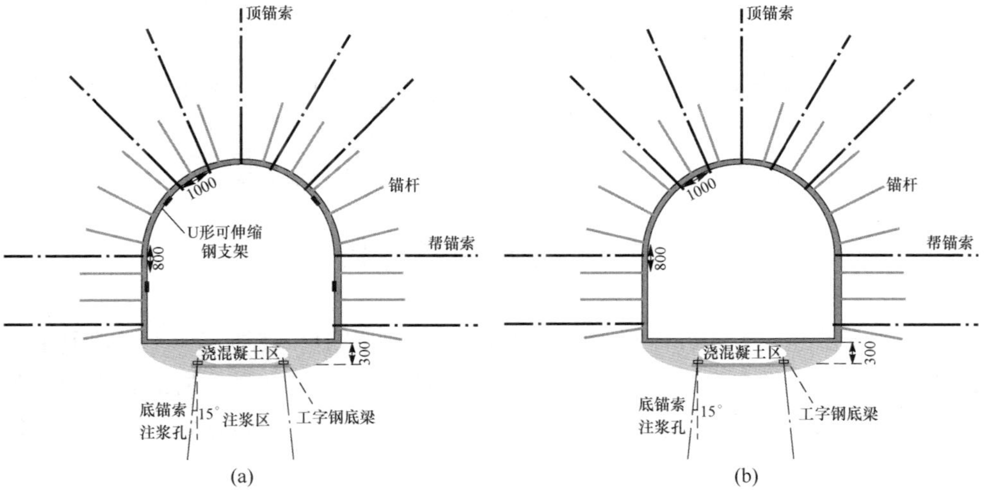

图 7-6　调整后的巷道新支护方案断面图

（a）返修支护方案；（b）新支护方案

态，加强支护不仅需要考虑支的效应，且应有强有力的护表构件来维护巷道表面破碎围岩的稳定，为此，对于返修巷道安装 U 形可伸缩钢支架，顶板补打锚索，帮部补打锚杆，底板起底并注浆+补打两条斜锚索。

新掘巷道支护基本等同于返修巷道，由于初始支护及时合理，围岩表面破碎程度低，不采用 U 形可伸缩钢支架支护。

顶、帮锚杆规格：ϕ22 mm，长度为 2.4 m，间排距 800 mm×800 mm。锚杆最低锚固力 150 kN。顶、帮锚索规格：ϕ17.8 mm，长度为 8.3 m，底锚索 ϕ17.8 mm，长度为 12.5 m。锚索最低锚固力 250 kN。

具体支护形式为：巷道全断面挂钢筋网，打普通螺纹钢树脂锚杆，配铁托盘，锚杆间排距均为 800 mm×800 mm，顶板正中央 1 根，往两边每 800 mm 布置 1 根，最下排帮锚杆距底板不大于 300 mm，每排共计 17 根，全断面喷射 120 mm 厚 C20 混凝土。顶部设计每排打注 5 根锚索，配 16 号槽钢、锚索垫片及锚具，锚索设计间排距均为 1000 mm×800 mm，正中布置 1 根，中线往两侧各 1000 mm 布置 1 根锚索，再往两侧 1000 mm 再各布置 1 根锚索。帮部距底板 300 mm 布置 1 根锚索，再往上 1500 mm 布置 1 根锚索，共 4 根，排距为 800 mm。底板中央偏两侧各 1500 mm 布置 1 根锚索，共 2 根，锚索向外倾斜 15°。锚杆最低预紧力 50 kN，锚索最低预紧力 100 kN。

底板锚注加固主要工序：

（1）先对底板进行浅部 6 m 预注浆，同时为打组合锚索孔和深孔注浆承压创造条件；

（2）施工组合锚索孔，编制并安装组合锚索，下注浆管封孔；

（3）利用锚索孔对底板深部进行高压注浆；

（4）将巷道底板卧至设计标高以下 300～400 mm，并依次铺钢筋网、下底梁、再铺钢筋网、上大、小托盘、张拉锚索，浇混凝土至设计标高；

（5）待浇混凝土凝固后再对底板打 6m 浅孔进行二次注浆。

7.5　支护效果分析

上述支护方案实施后有效地控制了巷道围岩的变形和破坏，为了能从效果上说明，在南轨道巷后期掘进中设置两个位移观测点，观测巷道围岩的收敛情况和巷道表面状况。图 7-7 为巷道表面围岩状况。图 7-8 为两个测点巷道围岩表面位移曲线图。

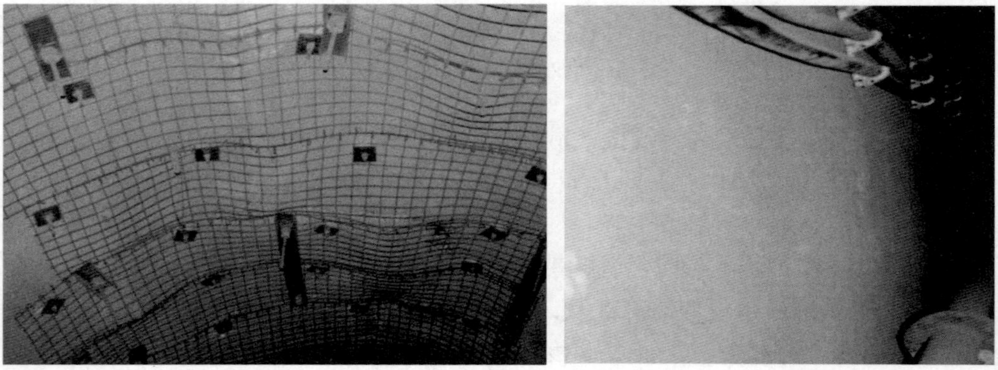

(a)　　(b)

图 7-7　巷道表面围岩状况

（a）顶部状况；（b）帮部状况

对比图 7-7 和图 7-3 可以看出，巷道顶板和帮部表面围岩完整度和支护状况远好于支护调整前，顶板和帮部没有明显的劈裂和片帮。

图 7-8 表明，随着时间的推移，巷道两帮和顶底变形增加，基本呈现变形速率越来越小的特征，快速变形时间约为 30 天，此后围岩变形放缓，80 天后围岩变形基本稳定。两个测点顶底移近量分别为巷道高度的 3. 4%和 4. 2%，两帮移近量分别为巷道宽度的 10. 2%和 8. 1%。

观测分析结果表明，针对大变形巷道围岩稳定性的阶段性特征，采用对浅部破碎围岩利用锚杆加固形成挤压加固承载结构，对深部围岩采用锚索维持层面稳定和悬吊易冒落围岩相结合的方式，可以有效地控制围岩的变形和维护围岩结构的稳定。

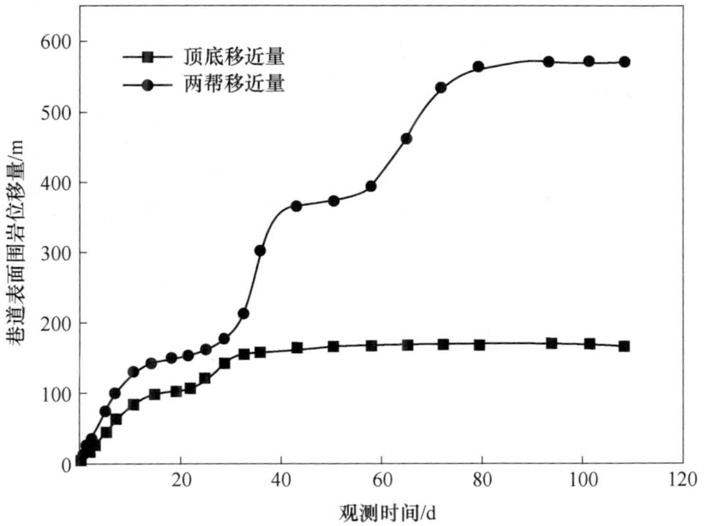

(a)

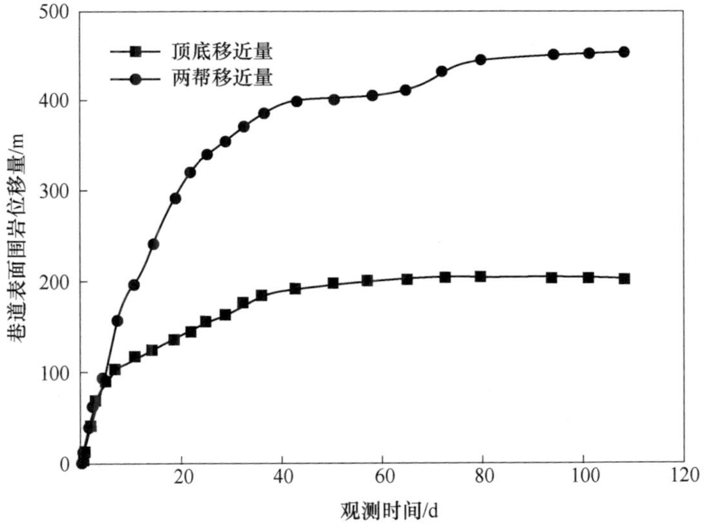

(b)

图 7-8 两个测点巷道围岩表面位移曲线图

(a) 1 号测点；(b) 2 号测点

7.6 大变形巷道支护工程实践的意义

本章以阳煤五矿赵家分区在建井期间南轨道巷的稳定性支护为研究对象，深入分析了巷道在深埋条件下围岩的变形特征，包括顶板下沉、片帮和底鼓等严重问题。在此基础上，依据大变形巷道围岩-支护特性的分类及支护原理，提出并调整了巷道支护方案，并进行了现场施工与观察。

通过实际工程实践验证，应用层状结构、破断结构及破碎围岩相结合的支护原理来设计巷道支护方案，取得了显著效果。现场观测数据表明，该方案能够有效控制巷道围岩的变形，尤其是在面对复杂的围岩条件下，能够保持巷道的稳定性和安全性，为深部煤矿巷道的支护设计提供了可靠的理论依据和实践参考。

本章的研究内容不仅为大变形巷道的支护提供了有效的实践经验，也进一步验证了本书中提出的峰后大变形巷道围岩-支护平衡特性及机理的可行性，为今后类似工程的支护设计和实施提供了有力的支持。

8　峰后大变形巷道支护理论与实践的启示

本书围绕深部开采条件下巷道围岩的峰后大变形特性及支护稳定性控制这一重大科学问题，结合理论分析、数值模拟、相似试验和工程实践，系统分析了巷道围岩的变形规律、支护力学机理及优化设计方法。通过对岩体峰后特性的深入探讨，建立了能涵盖峰后全过程的强度公式与本构模型，揭示了巷道围岩-支护平衡特性和机理，为深部巷道的支护设计与施工提供了科学依据。主要启示如下：

（1）围岩变形特性与支护需求的阶段性规律。巷道围岩的变形过程表现出显著的阶段性，从弹性、塑性到破裂、破碎直至松动，支护需求也随之动态变化。研究表明，不同阶段围岩与支护的相互作用特性差异明显，合理的支护设计需充分考虑围岩变形阶段的差异化需求，避免过度支护或支护不足带来的安全隐患。

（2）锚固系统的综合作用机制。锚杆、锚索与注浆等联合支护措施在强化浅部围岩、稳定深部岩层方面发挥了重要作用。研究揭示，锚杆的预紧力可有效改善浅部围岩的应力状态，锚索对深部滑移层面的悬吊作用显著，而注浆则在提高围岩整体性和承载力方面不可或缺。通过优化锚固系统参数，可实现支护效果的最大化。

（3）支护设计的多层次适应性。本书提出的支护方法基于层状结构、破断结构及破碎围岩的分类特性，强调针对不同围岩条件的支护策略优化。工程实践表明，分阶段、分区域的支护设计能够更有效地控制巷道变形，维持巷道稳定性。

（4）围岩-支护平衡的动态演化。随着围岩变形的增加，其内部应力状态和结构特征不断演化，支护的作用方式也需随之调整。本书研究发现，合理的支护可延缓围岩失稳过程，并在一定条件下将围岩破碎区转化为具有承载能力的稳定结构。

未来的研究需进一步聚焦深部巷道围岩在复杂应力场和多因素耦合作用下的动态演化规律，特别是在三维条件下的围岩-支护相互作用机制。通过引入高精度监测技术，实现围岩内部裂隙扩展与结构演化的实时观测，完善围岩稳定性控制理论。同时，需探索环境因素（如水、温度等）对围岩失稳过程的综合影响，并研发适应极端条件的智能化支护技术，推动巷道支护从经验设计向科学化、智能化转变，为深部矿山开采的安全性和经济性提供更加系统和高效的解决方案。

参考文献

[1] 杨双锁．回采巷道围岩控制理论探讨［J］．煤炭学报，2010，35（11）：1842-1853.

[2] 杨双锁，钱鸣高，康立勋，等．巷道围岩控制的波动性平衡理论［J］．太原理工大学学报，2001，32（4）：339-343.

[3] NIU S Q，YANG S S，CUI L. Research on the characteristics of strain-softening model after peak based on Mohr-Coulomb Theory Criterion［J］. Adv. Mater. Res.，2011，261-263：1439-1443.

[4] 陈炎光，陆士良．中国煤矿巷道围岩控制［M］．徐州：中国矿业大学出版社，1994.

[5] 朱德仁．岩石工程破坏准则［J］．煤炭学报，1994，19（1）：11-15.

[6] 朱维伸，何满潮．复杂围岩条件下围岩稳定性与岩体动态施工力学［M］．北京：科学出版社，1995.

[7] 李文婷．岩石峰后应变软化本构方程及数值模拟方法研究［D］．济南：山东大学，2012.

[8] 王学滨，海龙，黄梅．岩样单轴拉伸破坏不均匀性分析——第一部分：基本理论［J］．岩石力学与工程学报，2004，23（9）：1446-1449.

[9] 牛学超，张庆喜，岳中文．岩石三轴试验机的现状及发展趋势［J］．岩土力学，2013，34（2）：600-607.

[10] 周世才．非贯通细观节理介质CT实验的数值模拟及影响参数讨论［D］．天津：天津大学，2004.

[11] 张娟霞．混凝土结构破坏机理的数值试验研究［D］．沈阳：东北大学，2006.

[12] COOK N G W. The failure of rock［J］. lnt. J. Rock Mech. Min. Sci，1965，2：389-403.

[13] 朱之芳．刚性试验机［M］．北京：煤炭工业出版社，1985.

[14] BIEAWSKI Z T，DENKHAUS H C，VOLGER U K，Failure of fracture rock［J］. Int. J. Rock Mech. Min. Sci，1969，6（3）：323-341.

[15] WAWERSIK W R，FAIRHURST C. A Study of brittle rock fracture in laboratory compression experiments［J］. Int. J. R. ck Mech. Min. Sci，1970，7：561-575.

[16] 林春金．裂纹扩展及合理布锚的试验研究［D］．济南：山东大学，2006.

[17] 李根，唐春安，李连崇．水岩耦合变形破坏过程及机理研究进展［J］．力学进展，2012，42（5）：593-619.

[18] Cook N G W. The failure of rock［J］. International Journal of Rock Mechanics and Mining Sciences，1965，2：389-403.

[19] HUDSON J A，GROUCH S L，FAIRHURST C. Soft，stiff and servocontrolled testing machines-A review with reference to rock failure［J］. Engineering Geology，1972，6（3）：155-189.

[20] 唐春安．岩石破裂过程中的灾变［M］．北京：煤炭工业出版社，1993.

[21] 唐春安．试验机刚性与测量系统频率响应对测试岩石荷载-位移关系的影响［J］．岩石力学与工程学报，1987，6（3）：265-276.

[22] 陈绍杰．煤岩强度与变形特征实验研究及其在条带煤柱设计中的应用［D］．青岛：山东科技大学，2005.

[23] 杨永杰，宋扬，陈绍杰．三轴压缩煤岩强度及变形特征的试验研究［J］．煤炭学报，2006，31（2）：150-153.

[24] 赖勇. 围压对杨氏模量的影响分析 [J]. 重庆交通大学学报（自然科学版），2009，28（2）：246-249，278.
[25] 史贵才. 脆塑性岩石破坏后区力学特性的面向对象有限元与无界元耦合模拟研究 [D]. 武汉：中国科学院研究生院（武汉岩土力学研究所），2005.
[26] 吴刚，孙钧，吴中如. 复杂应力状态下完整岩体卸荷破坏的破坏力学分析 [J]. 河海大学学报，1997，25（3）：44-49.
[27] 尤明庆，华安增. 岩石试样破坏过程的能量分析 [J]. 岩石力学与工程学报，2002，21（6）：778-781.
[28] 牛少卿. 长壁开采三顺槽围岩控制理论技术研究 [D]. 太原：太原理工大学，2011.
[29] 郭子红，刘新荣，刘保县，等. 基于塑性体积应变的岩石损伤变形特性实验研究 [J]. 实验力学，2010，25（3）：293-298.
[30] HOEK E，BROWN E T. Practical estimates of rock mass strength [J]. International Journal of Rock Mechanics and Mining Sciences，1997，34（8）：1165 -1186.
[31] 白象忠. 材料力学 [M]. 北京：科学出版社，2007.
[32] 王德玲，葛修润. 关于分级单屈服面模型的几个问题的探讨 [J]. 岩土力学，2004，25（7）：1059-1062.
[33] 杨学堂，王飞. 岩体本构模型研究方法及评价 [J]. 岩土工程技术，2004，18（4）：213-217.
[34] 昝月稳，俞茂宏. 岩石广义非线性统一强度理论 [J]. 西南交通大学学报，2013，48（4）：616-624.
[35] 俞茂宏，昝月稳，范文，等. 20世纪岩石强度理论的发展——纪念Mohr-Coulomb强度理论100周年 [J]. 岩石力学与工程学报，2000，19（5）：545-550.
[36] YU M H，ZAN Y W，ZHAO J. A Unified Strength criterion for rock material [J]. International Journal of Rock Mechanics & Mining Sciences，2002，39：975-989.
[37] 贾喜荣，冯秋喜. Coulomb准则与Griffith Mohr准则的一致性及其应用 [J]. 太原理工大学学报，1998，29（5）：26-28，32.
[38] GRIFFITH A A. The phenomena of rupture and flow in solids [J]. Phil. Trans. Roy. Soc. of London，A221，1921：163-197.
[39] JENG F S，LIN M L，LIN H C. Study on the fractorgraphy and failure mechanism of brittle materials [J]. Bulletin of the College of Engineering，2002（85）：49-57.
[40] 刘金龙，栾茂田，许成顺，等. Drucker-Prager准则参数特性分析 [J]. 岩石力学与工程学报，2006，25（S2）：4009-4015.
[41] 周凤玺，李世荣. 广义Drucker-Prager强度准则 [J]. 岩土力学，2008，29（3）：747-751.
[42] HOEK E，BROWN E T. Empirical strength criterion for rock masses [J]. Geotech. Engng Div.，ASCE 106（GT9），1980：1013-1035.
[43] ROCSCIENCE Inc. RocLab User's Guide [M]. Toronto：Rocscience Inc.，2002.
[44] 孙金山，卢文波. Hoek-Brown经验强度准则的修正及应用 [J]. 武汉大学学报（工学版），2008，41（1）：63-66，124.
[45] 苏永华，封立志，李志勇，等. Hoek-Brown准则中确定地质强度指标因素的量化 [J].

岩石力学与工程学报，2009，28（4）：679-686.
[46] 俞茂宏，YOSHIMINE M，强洪夫，等．强度理论的发展和展望［J］．工程力学，2004，21（6）：1-20.
[47] 俞茂宏，刘继明，YOSHIYA ODA，等．论岩土材料屈服准则的基本特性和创新［J］．岩石力学与工程学报，2007，26（9）：1745-1757.
[48] 俞茂宏．岩土类材料的统一强度理论及其应用［J］．岩土工程学报，1994，16（2）：1-10.
[49] 俞茂宏，刘凤羽，刘锋，等．一个新的普遍形式的强度理论［J］．土木工程学报，1990，23（1）：34-40.
[50] 刘建军．岩石静动态本构关系及应用研究［D］．西安：长安大学，2009.
[51] 卢允德，葛修润，蒋宇，等．大理岩常规三周压缩全过程试验和本构方程的研究［J］．岩石力学与工程学报，2004，23（15）：2459-2493.
[52] 卢允德．岩石三轴压缩试验及线形软化本构模型研究［D］．上海：上海交通大学，2003.
[53] 曾晟，杨仕教，张新华，等．单轴压缩下石灰岩损伤统计本构模型与试验研究［J］．南华大学学报（自然版），2005，29（1）：69-72.
[54] 杨璐，朱浮声，沈新普．弹塑性损伤模型在应变局部化分析中的应用［J］．力学与实践，2006，28（2）：9-15.
[55] 谢守益，徐卫亚，邵建富．多孔岩石塑性压缩本构模型研究［J］．岩土力学与工程学报，2005，24（17）：3154-3158.
[56] 戴永浩，陈卫忠，伍国军，等．非饱和岩体弹塑性损伤模型研究与应用［J］．岩石力学与工程学报，2005，27（4）：725-735.
[57] 陈蕴生，韩信，李宁，等．非贯通裂隙介质单轴受力条件下的损伤本构关系探讨［J］．岩石力学与工程学报，2005，24（增2）：5926-5932.
[58] 陈景涛，冯夏庭．高地应力下硬岩的本构模型研究［J］．岩土力学，2007，28（11）：2271-2278.
[59] 陈景涛．高地应力下硬岩本构模型的研究与应用［D］．武汉：中国科学院武汉岩土力学研究所，2006.
[60] 许江，李树春，刘延保，等．基于 Drucker-Prager 准则的岩石损伤本构模型［J］．西南交通大学学报，2007，42（3）：275-252.
[61] 陈敬虞，龚晓南，邓亚虹．基于内变量理论的岩石材料本构关系研究［J］．浙江大学学报（理学版），2008，35（3）：355-360.
[62] 曹文贵，莫瑞，李翔．基于正态分布的岩石软硬化损伤统计本构模型及其参数确定方法探讨［J］．岩土工程学报，2007，29（5）：671-675.
[63] 曹文贵，赵衡，张玲，等．考虑损伤阀值影响的岩石损伤统计软化本构模型及其参数确定方法［J］．岩石力学与工程学报，2008，27（6）：1148-1154.
[64] 韦立德，徐卫亚，杨春和．考虑塑性变形的岩石损伤本构模型初步研究［J］．岩石力学与工程学报，2005，24（增2）：5598-5603.
[65] 江权，冯夏庭，陈国庆．考虑高地应力下围岩劣化的硬岩本构模型研究［J］．岩石力学与工程学报，2008，27（1）：144-152.

[66] 江权．高地应力下硬岩弹脆塑性劣化本构模型与大型地下硐室群围岩稳定性分析［D］．武汉：中国科学院武汉岩土所，2007.
[67] 冯夏庭．大型地下洞室群稳定性的动态反馈分析与调控方法［R］．太原：中国青年岩石力学学会，2009.
[68] 张平，贺若兰，李夕兵，等．深部岩石渐进破损本构模型及其应用［J］．工程力学，2007，24（12）：146-152.
[69] 陈卫忠，王者超，伍国军，等．盐岩非线性蠕变损伤本构模型及其工程应用［J］．岩石力学与工程学报，2007，26（3）：467-472.
[70] 刘琴琴．隧道围岩与支护结构的相互作用研究［D］．南京：南京理工大学，2010.
[71] HOEK E，KAISER P K，BAWDEN W F．Support of underground excavations in hard rock［M］．Netherlands，2000.
[72] 侯公羽．围岩-支护作用机制评述及其流变变形机制概念模型的建立与分析［J］．岩石力学与工程学报，2008，27（S2）：3618-3629.
[73] 侯公羽．基于开挖面空间效应的围岩-支护相互作用机制［J］．岩石力学与工程学报，2011，30（S1）：2871-2877.
[74] 侯公羽，李晶晶．弹塑性变形条件下围岩-支护相互作用全过程解析［J］．岩土力学，2012，33（4）：961-970.
[75] 孙闯，张向东，张建俊．深部断层破碎带竖井围岩与支护系统稳定性分析［J］．煤炭学报，2013，38（4）：587-594.
[76] 王秀英，谭忠盛，王梦恕，等．高水位隧道堵水限排围岩与支护相互作用分析［J］．岩土力学，2008，29（6）：1623-1628.
[77] 夏才初，黄继辉，卞跃威，等．融化作用下多年冻土隧道围岩的弹塑性解及其与支护的相互作用分析［J］．岩土力学，2013，34（7）：1987-1994.
[78] 卞跃威，夏才初，肖维民，等．考虑围岩软化特性和应力释放的圆形隧道黏弹塑性解［J］．岩土力学，2013，34（1）：211-220.
[79] 刘保国，杜学东．圆形洞室围岩与结构相互作用的粘弹性解析［J］．岩石力学与工程学报，2004，23（4）：561-564.
[80] 汤雷，王五平．锚杆支护与围岩共同承载的协调性［J］．煤炭学报，2004，29（1）：12-16.
[81] 关宝树．隧道及地下工程喷混凝土支护技术［M］．北京：人民交通出版社，2009.
[82] 万志军，周楚良，毛建新，等．巷道支架围岩相互作用的流变模型［J］．矿山压力与顶板管理，2004，4：50-52，118.
[83] 乔伟．深埋地下硐室围岩与隧硐衬砌接触分析［J］．山西建筑，2007，33（10）：145-146.
[84] 乔伟．地下工程围岩与支护相互作用接触机理研究［D］．西安：西安科技大学．2007.
[85] 蔡美峰，何满潮，刘东燕．岩石力学与工程［M］．北京：科学出版社，2002.
[86] 重庆建筑工程学院，同济大学．岩体力学［M］．北京：中国建筑工业出版社，1981.
[87] 姚国圣．软岩巷道围岩扩容—塑性软化变形及有限元分析［D］．西安：西安科技大学，2006.

[88] RABCEWICZ L V. The New Austrian tunneling method [J]. Water Power, 1965 (4): 19-24.
[89] RABCEWICZ L V. Stability of tunnels under rock load [J]. Water Power, 1969 (1): 225-273.
[90] 韩瑞庚. 地下工程新奥法 [M]. 北京: 科学出版社, 1987.
[91] 荆升国. 高应力破碎软岩巷道棚—索协同支护围岩控制机理研究 [D]. 徐州: 中国矿业大学, 2009.
[92] 何满潮. 软岩工程力学 [M]. 北京: 科学出版社, 2003.
[93] 郑颖人, 等. 地下工程锚喷支护设计指南 [M]. 北京: 中国铁道出版社, 1988.
[94] 王永岩. 软岩巷道变形与压力分析控制及预测 [D]. 阜新: 辽宁工程技术大学, 2001.
[95] 陆家梁. 软岩巷道支护原则及支护方法 [J]. 软岩工程, 1990, 3: 20-24.
[96] 郑雨天. 关于软岩巷道地压与支护的基本观点 [C] //软岩巷道掘进与支护论文集. 1985.
[97] 郑雨天. 岩石力学的弹塑粘性理论基础 [M]. 北京: 煤炭工业出版社, 1988.
[98] 郑雨天. 中国煤矿软岩巷道支护理论与实践 [M]. 北京: 中国矿业大学出版社, 1996.
[99] 于学馥, 乔端. 轴变论和围岩稳定轴比三规律 [J]. 有色金属, 1981, 33 (3): 8-15.
[100] 于学馥, 等. 岩石记忆与开挖理论 [M]. 北京: 冶金工业出版社, 1993.
[101] 于学馥, 于加, 徐骏, 等. 岩石力学新概念与开挖结构优化设计 [M]. 北京: 科学出版社, 1995.
[102] 周明. 大变形破碎岩体中锚杆的支护作用及应用技术研究 [D]. 成都: 西南交通大学, 2010.
[103] 董方庭. 巷道围岩松动圈支护理论及应用技术 [M]. 北京: 煤炭工业出版社, 2001.
[104] 董方庭, 宋宏伟, 郭志宏, 等. 巷道围岩松动圈支护理论 [J]. 煤炭学报, 1994, 19 (1): 21-32.
[105] 靖洪文. 软岩巷道围岩松动圈变形机理及控制技术研究 [J]. 中国矿业大学学报, 1999, 28 (6): 560-564.
[106] JING H W, XU G A , MA S Z. Numerical analysis on displacement law of discontinus rock mass in broken rock zone for deep roadway [J]. Journal of China University of Mining & Technology, 2001, 11 (2): 132-137.
[107] 陆士良, 姜耀东. 支护阻力对软岩巷道围岩的控制作用 [J]. 岩土力学, 1998, 19 (1): 1-6.
[108] 陆士良, 王悦汉. 软岩巷道支架壁后充填与围岩关系的研究 [J]. 岩石力学与工程学报, 1999, 18 (2): 180-183.
[109] 王悦汉, 陆士良. 壁后充填对提高巷道支护阻力的研究 [J]. 中国矿业大学学报, 1997, 26 (4): 1-3.
[110] 王彩根. 软岩巷道壁后充填支护机理与技术研究 [D]. 徐州: 中国矿业大学, 1995.
[111] 王彩根, 王悦汉. 整体壁后充填对提高拱形金属支架支护阻力的作用 [J]. 中国矿业大学学报, 1994, 23 (1): 1-5.
[112] 王悦汉, 王彩根, 周华强. 巷道支架壁后充填技术 [M]. 北京: 煤炭工业出版

社，1995.
[113] 贾喜荣．岩石力学与岩层控制［M］．徐州：中国矿业大学出版社，2010.
[114] 贾喜荣．岩层巷道剪胀锚固理论［C］//第十届全国岩石力学与工程学术大会论文集．北京：中国电力出版社，2008：85-89.
[115] NIU S Q，YANG S S，LI Y. Plasma nitriding for improving wear resistance of cable bolt［J］. Surface Review and Letters，2013，20（6）：1350066.
[116] 牛少卿，杨双锁，李义．基于岩体强度理论的巷道围岩稳定性分级［J］．金属矿山，2013，450（12）：16-19.
[117] 何满潮．软岩工程力学的理论与实践［M］．徐州：中国矿业大学出版社，1996.
[118] 何满潮．软岩工程技术现状与展望［C］//世纪之交软岩工程技术现状与展望．北京：煤炭工业出版社，1999.
[119] HE M C，XU N X，YAO A J. Theory of SCSTKP in soft rock roadway［J］. Journal of China University of Mining & Technology，2000，10（2）：107-111.
[120] HE M C. New theory in tunnel stability control of soft rock-mechanics of soft rock engineering［J］. Journal of Coal Science & Engineering，1996，2（1）：39-44.
[121] 孙晓明，何满潮．深部开采软岩巷道耦合支护数值模拟研究［J］．中国矿业大学学报，2005，34（3）：166-169.
[122] 何满潮，高尔新．软岩巷道耦合支护力学原理及应用［J］．水文地质工程，1998（2）：1-4.
[123] 孙晓明，何满潮，杨晓杰．深部软岩巷道锚网索耦合支护非线性设计方法研究［J］．岩土力学，2006，26（7）：1061-1065.
[124] 孙晓明．煤矿软岩巷道耦合支护理论研究及其设计系统开发［D］．北京：中国矿业大学（北京），2002.
[125] 陈庆敏，金太，郭颂．锚杆支护的“刚性”梁理论及其应用［J］．矿山压力与顶板管理，2000，1：2-5，89.
[126] 陈庆敏，郭颂，张农．煤巷锚杆支护新理论与设计方法［J］．矿山压力与顶板管理，2002，1：12-15.
[127] 方祖烈．拉压域特征及主次承载区的维护理论［C］//世纪之交软岩工程技术现状与展望．北京：煤炭工业出版社，1999.
[128] 柏建彪，侯朝炯，杜木民，等．复合顶板极软煤层巷道锚杆支护技术研究［J］．岩石力学与工程学报，2001，20（1）：53-56.
[129] 勾攀峰，张振普，韦四江．不同水平应力作用下巷道围岩破坏特征的物理模拟试验［J］．煤炭学报，2009，34（10）：1328-1332.
[130] 勾攀峰，韦四江，张盛．不同水平应力对巷道稳定性的模拟研究［J］．采矿与安全工程学报，2010，27（2）：143-148.
[131] 侯朝炯，李学华．综放沿空掘巷围岩大、小结构的稳定性原理［J］．煤炭学报，2001，26（1）：1-7.
[132] 李学华，张农，侯朝炯．综采放顶煤面沿空巷道合理位置确定［J］．中国矿业大学学报，2000，29（2）：186-189.

[133] 王卫军，侯朝炯，柏建彪，等．综放沿空巷道底板受力变形分析及底鼓力学原理 [J]．岩土力学，2001，22 (3)：319-322.

[134] 王卫军，侯朝炯，李学华．老顶给定变形下综放沿空掘巷合理定位分析 [J]．湘潭矿业学院学报，2001，16 (2)：1-4.

[135] 樊克恭，翟德元．巷道围岩弱结构破坏失稳分析与非均称控制机理 [M]．北京：煤炭工业出版社，2004.

[136] 樊克恭．巷道围岩弱结构损伤破坏效应与非均称控制机理研究 [D]．泰安：山东科技大学，2003.

[137] 樊克恭，翟德元，刘锋珍．岩性弱结构巷道顶底板弱结构体破坏失稳分析 [J]．山东科技大学学报，2004，23 (2)：11-14.

[138] 陆士良，汤雷，杨新安．锚杆锚固力与锚固技术 [M]．北京：煤炭工业出版社，1998.

[139] 杨双锁．回采巷道围岩控制理论及锚固结构支护原理 [M]．北京：煤炭工业出版社，2004.

[140] 侯朝炯，郭励生，勾攀峰．煤巷锚杆支护 [M]．徐州：中国矿业大学出版社，1999.

[141] 勾攀峰．巷道锚杆支护提高围岩强度和稳定性研究 [D]．徐州：中国矿业大学，1998.

[142] 侯朝炯，勾攀峰．巷道锚杆支护围岩强度强化机理研究 [J]．岩石力学与工程学报，2000，19 (3)：342-345.

[143] 康红普，王金华，林健．煤矿巷道支护技术的研究与应用 [J]．煤炭学报，2010 (11)：1809-1814.

[144] YANG S S, NIU S Q. Thick Board Theory on the bolting support of the ribs in coal mine roadway [J]. Adv. Mater. Res., 2011, 255-260: 3775-3779.

[145] HUDSON J A, HARRISON J P. Engineering rock mechanics: An introduction to the principles [M]. Oxford: Pergamon, 1997.

[146] KILIÇ A, YASAR E, CELIK A G. Effect of grout properties on the pull-out load capacity of fully grouted rock bolt [J]. Tunnelling and Underground Space Technology, 2002, 17: 355-362.

[147] LIU B, YUE Z Q, THAM L G. Analytical design method for a truss-bolt system for reinforcement of fractured coal mine roofs—illustrated with a case study [J]. International Journal of Rock Mechanics & Mining Sciences, 2005, 42: 195-218.

[148] KAISER P K, YAZICI S, NOSE J. Effect of stress change on the bond strength off ully grouted cables [J]. Int. J. Rock Mech. Min. Sci. Geomech. Abstr, 1992 (29): 293-305.

[149] HYETT A J, BAWDEN W F, REICHERT R D. The effect of rock mass confinement on the bond strength of fully grouted cable bolts [J]. Int. J. Rock Mech. Min. Sci. Geomech. Abstr, 1992 (29): 503-524.

[150] ITO F, NAKAHARA, F, KAWANO R, et al. Visualisation off ailure in a pull-out of cable bolts using X-ray CT [J]. Construction Build Mater, 2001 (15): 263-270.

[151] REICHERT R D, BAWDEN W F, HYETT A J. Evaluation ofdesign bolt bond strength for fully grouted bolt [C]. 93rd Annual Meeting of CIM, Vancouver, 1991.

[152] CHAPPELL B A. Rock bolts and shear stiffness in jointed rock mass [J]. J. Geotech. Eng,

1989：115.
[153] FRANKLIN J A, DUSSEAULT M B. Rock Engineering [M]. New York：McGraw-Hill Publishing Company, 1989.
[154] Fast Lagrangian Analysis of Continua in 3Dimensions [M]. Minnesota：Itasca Consulting Group, Inc. , 2005.
[155] Richard Campbell, Mould R J. Impacts of gloving and un-mixed resin in fully encapsulated roof bolts on geotechnical design assumptions and strata control in coal mines [J]. International Journal of Coal Geology, 2005 (64)：116-125.
[156] BRADY B H G, BROWN E T. Rock mechanics for underground mining [M]. 3th ed. New York：Springer publishing Company, 2006.
[157] 杨双锁，曹建平. 锚杆受力演变机理及其与合理锚固长度的相关性 [J]. 采矿与安全工程学报，2010，27 (1)：1-7.
[158] 马念杰. 回采巷道围岩活动规律及其控制 [D]. 徐州：中国矿业大学，1988.
[159] 谢广祥，常聚才. 超挖锚注回填控制深部巷道底臌研究 [J]. 煤炭学报，2010 (8)：1242-1246.
[160] 张农. 巷道滞后注浆围岩控制理论与实践 [M]. 徐州：中国矿业大学出版社，2004.
[161] 柏建彪. 综放沿空掘巷围岩稳定性原理及控制技术研究 [D]. 徐州：中国矿业大学，2002.
[162] 杨双锁. 回采巷道围岩控制原理及锚固结构的适应性研究 [D]. 徐州：中国矿业大学，2001.
[163] 杨双锁. 巷道控制理论新观点 [R]. 调兵山：中国煤炭学会，2010.
[164] 杨双锁，康立勋. 锚杆作用机理及不同锚固方式的力学特性 [J]. 太原理工大学学报，2003，34 (5)：540-543.
[165] 杨双锁，康立勋. 煤矿巷道锚杆支护研究的总结与展望 [J]. 太原理工大学学报，2002，33 (4)：375-381.
[166] 柏建彪. 沿空掘巷围岩稳定性控制 [M]. 徐州：中国矿业大学出版社，2006.
[167] GE X R, ZHOU B H, LIU M G. Investigations into post 2 failure behaviour of rock and numerical simulation method [C] //International Symposium of Computer Methods in Rock Mechanics and Engineering. Xi'an, 1993：689-691.
[168] 郑宏，葛修润，李焯芬. 脆塑性岩体的分析原理及其应用 [J]. 岩石力学与工程学报，1997，16 (1)：8-21.
[169] HUDSON J A, HARRISON J P. Engineering rock mechanics [M]. London：Pergamon Press, 1997.
[170] 徐松林，吴文，王广印，等. 大理岩常规三轴压缩全过程试验和本构方程研究 [J]. 岩石力学与工程学报，2001，20 (6)：763-767.
[171] 林卓英，吴玉山，关玲琍. 岩石在三轴压缩下脆—延性转化的研究 [J]. 岩土力学，1992，13 (2/3)：45-53.
[172] 邓小亮. 三轴压缩下大理岩应力-应变全过程中力学特性及内时本构关系研究 [D]. 武汉：中国科学院武汉岩土所，1991.

[173] 杨圣奇，徐卫亚，苏承东．大理岩三轴压缩变形破坏与能量特征研究［J］．岩石力学与工程学报，2007，24（1）：135-142.

[174] 王贵荣，任建喜．基于三轴压缩试验的红砂岩本构模型［J］．长安大学学报（自然科学版），2006，26（6）：48-51.

[175] 尤明庆．岩石试验的杨氏模量与围压的关系［J］．岩石力学与工程学报，2003，22（1）：53-60.

[176] 杨永杰，宋扬，陈绍杰．大理岩三轴压缩变形破坏与能量特征研究［J］．岩石力学与工程学报，2006，31（2）：150-153.

[177] 谢和平，彭瑞东，鞠杨．我国六种岩石在高围压下的强度特性［J］．岩石力学与工程学报，2004，23（21）：3565-3570.

[178] @东方 05. 岩石的脆-延性转换［EB/OL］.（2011-01-22）［2024-11-22］. https：//wenku. baidu. com/view/76a9451fc5da50e2534d7f05. html.

[179] 周永胜，何昌荣．地壳岩石变形行为的转变及其温压条件［J］．地震地质，2000，22（2）：167-178.

[180] 张帆．三峡花岗岩力学特性与本构关系研究［D］．武汉：中国科学院武汉岩土所，2003.

[181] JOSEPH T G. Estimation of the post-failure stiffness of rock［D］. Alberta，Canada：University of Alberta，2000.

[182] 李文婷，李树忱，冯现大，等．基于莫尔-库仑准则的岩石峰后应变软化力学行为研究［J］．岩石力学与工程学报，2011，30（7）：1460-1466.

[183] 沈新普，岑章志，徐秉业．弹脆塑性软化本构理论的特点及其数值计算［J］．清华大学学报（自然科学版），1995，35（2）：22-27.

[184] 郑颖人，龚晓南．岩土塑性力学基础［M］．北京：中国建筑工业出版社，1989.

[185] FLAC3D version 3. 0 User's Manual［M］. Minnesota：Itasca Consulting Group，Inc.，2005.

[186] UDEC version 4. 0 User Manuals［M］. Minnesota：Itasca Consulting Group，Inc.，2005.

[187] 朱永生．岩石力学数值计算技术［R］．北京：中国科学院计算所教育中心，2010.

[188] 刘波，韩彦辉．FLAC 原理、实例于应用指南［M］．北京：人民交通出版社，2005.

[189] 陈育民，徐鼎平．FLAC/ FLAC3D 基础与工程实例［M］．北京：中国水利水电出版社，2008.

[190] 王学滨．软化模量对岩样全部变形特征的影响［J］．岩土工程学报，2006，28（5）：600-605.

[191] 韩丰．煤巷顶板岩层锚固系统稳定性影响因素试验研究［D］．太原：太原理工大学，2011.

[192] 贾喜荣．岩层控制理论与工程设计—采场岩层控制中的三个基本问题［R］．北京：采矿与安全工程学报，2011.

[193] GOODMAN R E. Introduction to Rock Mechanics［M］. 2nd ed. New York：Wiley，1989.